电气自动化控制技术研究

宁艳梅 史 连 胡 葵◎著

吉林科学技术出版社

图书在版编目（CIP）数据

电气自动化控制技术研究 / 宁艳梅, 史连, 胡葵著
. -- 长春 : 吉林科学技术出版社, 2022.12
ISBN 978-7-5744-0002-3

Ⅰ. ①电… Ⅱ. ①宁… ②史… ③胡… Ⅲ. ①电气控
制系统一研究 Ⅳ. ①TM921.5

中国版本图书馆 CIP 数据核字(2022)第 230384 号

电气自动化控制技术研究

DIANQI ZIDONGHUA KONGZHI JISHU YANJIU

著　宁艳梅　史　连　胡　葵
责任编辑　安雅宁
封面设计　徐芳芳
幅面尺寸　185mm×260mm　1/16
字　　数　238 千字
印　　张　10.5
版　　次　2023 年 5 月第 1 版
印　　次　2023 年 5 月第 1 次印刷

出　　版　吉林科学技术出版社
发　　行　吉林科学技术出版社
地　　址　长春市净月区福祉大路 5788 号
邮　　编　130118
发行部电话/传真　0431-81629529　81629530　81629531
81629532　81629533　81629534
储运部电话　0431-86059116
编辑部电话　0431-81629518
印　　刷　北京四海锦诚印刷技术有限公司

书　　号　ISBN 978-7-5744-0002-3
定　　价　65.00 元

前　言

随着电气自动化技术的飞速发展，其应用领域越来越广泛，既改善了我国国民的生活现状，又促进了我国经济的进一步发展，越来越多行业的发展都已经无法离开这一技术。

电气自动化控制技术是工业现代化的重要标志和现代先进科学的核心技术，是使产品的操作、控制和监视，能够在无人（或少人）直接参与的情况下，按预定的计划或程序自动进行的技术。其具有提高工作的可靠性、运行的经济性、劳动生产率，改善劳动条件等作用，把人从繁重的体力劳动、部分脑力劳动以及恶劣、危险的工作环境中解放出来，增强人类认识世界和改造世界的能力。因此进行电气自动化控制技术的研究是非常必要的。本书从自动控制的原理入手，论述了电气自动化控制技术系统，然后针对电气自动化控制系统的设计等方面进行了论述，最后对电气自动化控制技术的实践应用进行了分析。本书结构清晰、内容全面、语言朴实、通俗易懂，将理论与实践相结合，可以为电气相关从业人员提供参考依据与自学资料。同时，本书还有利于提高读者对电气自动化的认知水平和实际操作水平，对培养高水平的电气自动化技术人员起到一定的引导和促进作用。

作者在撰写本书的过程中查阅了大量的资料，在此对相关资料的作者表示衷心的感谢。由于水平有限，本书难免存在不足之处，希望各位读者、专家能给予批评、指正。

目　录

第一章 自动控制原理

第一节 电气工程及其自动化

电气工程及其自动化专业是电气信息领域的一门新兴学科，也是一门专业性很强的学科，主要研究在工程中如何对电进行管理。它的研究内容主要涉及工程中的供电设计、自动控制、电子技术、运行管理、信息处理与计算机控制等技术。

控制理论和电力网理论是电气工程及自动化专业的基础，电力电子技术、计算机技术则为其主要技术手段，同时也包含了系统分析、系统设计、系统开发以及系统管理与决策等研究领域。该专业的特点在于“四个结合”，即强电和弱电结合、电工技术和电子技术结合、软件和硬件结合、元件和系统结合。

长期以来，我国在CIMS、自动控制、机器人产品、专用集成电路等方面有了长足的进步。例如“基于微机环境的集成化CAPP应用框架与开发平台”开发了以工艺知识库为核心的、以交互式设计模式为基础的综合智能化CAPP开发平台与应用框架，推出金叶CAPP、同方CAPP等系列产品。具有支持工艺知识建模和动态知识获取、各类工艺的设计与信息管理、产品工艺信息共享、支持特征基创成工艺决策等功能，并提供工艺知识库管理、工艺卡片格式定义等应用支持工具和二次开发工具。系统开放性好，易于扩充和维护。产品已在全国的企业，特别是CIMS示范工程企业，推广应用，还研制了自动控制装置及系列产品，红外光电式安全保护装置，大功率、高品质开关电源等。机器人产品包括移动龙门式自动喷涂机、电动喷涂机器人、柔性仿形自动喷涂机、往复式喷涂机、自动涂胶机器人、框架式机器人、搬运机器人、弧焊机器人。以上这些产品的开发应用还只是电子工程与自动化在生产中应用的一个侧面，不足以反映其全貌。在国外先进技术的冲击下，我国仍须从各个方面进行新一轮技术重组，形势是严峻的，但同时也充满机遇。

所谓的电气自动化，是指通过对继电器、感应器等电气元件的利用，借以实现对时间和顺序的控制。而其他如一些伺服电机或仪表，会将外界环境的变化反馈到内部，从而导致输出量产生变化，继而达到稳定的目的。

一、电气工程及其自动化技术的概述

电气工程及其自动化技术与生活是息息相关的，已经渗透到我们生活的方方面面。

电气工程及其自动化是以电磁感应定律、基尔霍夫电路定律等电工理论为基础，研究电能的产生、传输、使用及其过程中涉及的技术和科学问题。电气工程中的自动化涉及电力电子技术、计算机技术、电机电器技术信息与网络控制技术、机电一体化技术等诸多领域，其主要特点是强弱电结合、机电结合、软硬件结合。电气工程及其自动化技术主要以控制理论、电力网理论为基础，以电力电子技术、计算机技术为主要技术手段，同时也涉及了系统分析、系统设计、系统开发以及系统管理与决策等研究领域。控制理论是建立在现代数学、自动控制技术、通信技术、电子计算机、神经生理学诸学科基础上，由维纳等科学家精炼和提纯而形成的边缘科学。它主要研究信息的传递、加工、控制的一般规律，并将其理论用于人类活动的各个方面；将控制理论和电力网理论相结合，应用于电气工程中。这有利于提高社会生产率和工作效率、节约能源和原材料消耗，同时也能改进生产工艺，减轻体力、脑力劳动等。

在实际的电气工程及其自动化技术的设计中，应该从硬件和软件两个方面来进行考虑，通常情况下，都是先进行硬件的设计，根据实际的工业控制需要，针对性地选择电子元器件，首先应该设置一个中央服务器，并采用先进的计算机作为系统的核心，然后选择外围的辅助设备，如传感器、控制器等，通过线路的连接，组建成一个完整的系统。在实际的设计时，除了要遵循理论上的可行外，还应该注意现实中的可行性。由于生产线是已经存在的，自动化控制系统的设计，必须在不改变生产线的基础上进行，对硬件设备的安装有很高的要求，如果设备的体积较大，就可能影响正常的加工，要想使设计的控制系统能够稳定工作，设计人员必须进行实地考察，然后结合实际情况，对设备的型号进行确定。在硬件设计完成之后，还要进行软件系统的设计，目前市面上有很多通用的自动化控制系统软件，但是为了最大限度地提高自动化水平，企业通常都会选择一些软件公司，根据硬件安装和企业生产等情况，进行针对性的软件设计。

二、电气工程及其自动化的应用分析

（一）电气工程及其自动化技术应用理论

电气工程及其自动化技术是随着工业的发展，而逐渐形成的一门学科，从某种意义上来说，电气工程及其自动化技术，是为了满足实际生产的需要，在传统的工业生产中，采用的主要是人工的方式，虽然机械设备出现后，人们可以操控机器来进行生产，极大地提高了生产的效率。但是随着经济的发展速度加快，对产品的需求量越来越大，在这种背景下，仅仅依靠操作机器的生产方式，已经无法满足市场的需要，必须进一步提高生产效率，为了达到这个目的，很多企业都实行了二十四小时生产，通过实际调查发现，采用这样的生产方式，虽然机器可以不停运转，但是操作人员却需要足够的时间休息，因此必须增加企业的员工，这样就提高了生产成本，在市场竞争越来越激烈的今天，企业要想获得更好的效益，必须对生产的成本进行控制，于是有人提出了让机器自行运转的概念，这就是自动化技术。

（二）电气工程及其自动化技术在智能建筑中的应用

1. 防雷接地

雷电灾害给我国的通信设备、计算机、智能系统、航空等领域造成了巨大的损失，因此，在智能建筑建设中也要十分注意雷电灾害，利用电气工程及其自动化技术，将单一防御转变为系统防护，所有的智能建筑接地功能都必须以防雷接地系统为基础。

2. 安全保护接地

智能建筑内部安装了大量的金属设备，以实现数据处理，满足人们多方面的需求，这些金属设备对建筑的安全性提出了挑战，因此，在智能建筑中运用电气工程及其自动化技术，为整个建筑装上必要的安全接地装置，降低电阻，防止电流外泄，这样便能够很好地避免金属设备绝缘体破裂后发生漏电现象，保证人们的生命财产安全。

3. 屏蔽接地与防静电接地

运用电气工程及其自动化技术，在进行建筑设计时，要十分注意电子设备在阴雨或者干燥天气产生的静电，并及时做好防静电处理，防止静电积累对电子设备的芯片以及内部造成损坏，使得电子设备不能正常运转。设计师将电子设备的外壳和 PE 线进行连接可以有效地防止静电，屏蔽管路的两端和 PE 线的可靠连接可以实现导线的屏蔽接地。

4. 直流接地

智能建筑需要依靠大量的电子通信设备、计算机等电脑操作系统进行信息的输出、转换与传输，这些过程都需要利用微电流和微电位来执行，需要耗费大量的电能，也容易造成电气灾害。在大型智能建筑中应用电气工程及其自动化技术，可以为建筑提供一个稳定的电源和电压，以及基准电位，来保证这些电子设备能够正常使用。

（三）强化电气工程及其自动化的应用措施

1. 强化数据传输接口建设

在应用电气工程自动化系统的时候，数据传输功能发挥着至关重要的作用，一定要高度重视。只有提高系统数据传输的稳定性、快捷性、高效性与安全性，才可以保证系统运行的有效性。在进行数据传输强化的时候，一定要重视数据传输接口的建设，这样才可以保证数据传输的高效、安全。在建设数据传输接口的时候，一定要重视其标准化，利用现代技术处理程序接口问题，并且在实际操作中进行程序接口的完美对接，降低数据传输的时间与费用，提高数据传输的高效性与安全性，实现电气工程自动化的全面落实。

2. 强化技术创新，建立统一系统平台，节约成本

电气工程自动化是一项比较综合化的技术，要想实现其快速发展，就一定要加强对技术的投入，突破技术瓶颈，确保电气工程自动化的有效实现。所以，在进行建设与发展电气工程自动化的时候，一定要加强系统平台的建设，结合不同终端用户的需求，对自身运行特点展开详细的分析与研究，在统一系统平台中展开操作，满足不同终端用户的实际需求。由此可以看出，建立统一系统平台，是建设与发展电气工程自动化的首要条件，也是必要需求。

3. 加强通用型网络结构应用的探索

在电气工程自动化建设与发展过程中，通用型网络结构发挥着举足轻重的作用，占据了十分重要的地位，可以有效加强生产过程的管理与技术监控，并可对设备进行一定的控制，在统一系统平台中，可以有效提高工作效率，保证工作可以更加快捷地完成，同时增强工作安全性。

第二节　自动控制基础

一、控制理论的发展

自动控制是指应用自动化仪器仪表或自动控制装置代替人自动地对仪器设备或工业生产过程进行控制，使之达到预期的状态或性能指标。

（一）经典控制理论

自动控制理论是与人类社会发展密切联系的一门学科，是自动控制科学的核心。特点是以传递函数为数学工具，采用频域方法，主要研究单输入单输出线性定常控制系统的分析与设计，但它存在着一定的局限性，即对多输入多输出系统不宜用经典控制理论解决，特别是对非线性时变系统更是无能为力。

（二）现代控制理论

随着 20 世纪 40 年代中期计算机的出现及其应用领域的不断扩展，促进了自动控制理论朝着更为复杂也更为严密的方向发展，特别是在可控性和可观测性概念以及极大值理论

提出的基础上，在20世纪五六十年代开始出现了以状态空间分析（应用线性代数）为基础的现代控制理论。

现代控制理论本质上是一种时域法，其研究内容非常广泛，主要包括三个基本内容：多变量线性系统理论、最优控制理论，以及最优估计与系统辨识理论。现代控制理论从理论上解决了系统的可控性、可观测性、稳定性以及许多复杂系统的控制问题。

（三）智能控制理论

但是，随着现代科学技术的迅速发展，生产系统的规模越来越大，形成了复杂的大系统，导致了控制对象控制器以及控制任务和目的的日益复杂化，从而导致现代控制理论的成果很少在实际中得到应用。经典控制理论、现代控制理论在应用中遇到了不少难题，影响了它们的实际应用，其主要原因有三：

第一，精确的数学模型难以获得。此类控制系统的设计和分析都是建立在精确的数学模型的基础上的，而实际系统由于存在不确定性、不完全性、模糊性、时变性、非线性等因素，一般很难获得精确的数学模型。

第二，假设过于苛刻。研究这些系统时，人们必须提出一些比较苛刻的假设，而这些假设在应用中往往与实际不符。

第三，控制系统过于复杂。为了提高控制性能，整个控制系统变得极为复杂，这不仅增加了设备投资，也降低了系统的可靠性。

第三代控制理论即智能控制理论就是在这样的背景下提出来的，它是人工智能和自动控制交叉的产物，是当今自动控制科学的出路之一。

二、自动控制理论的发展

自动控制理论是研究自动控制共同规律的技术科学。它的发展初期，是以反馈理论为基础的自动调节原理，主要用于工业控制。

20世纪60年代初期，随着现代应用数学新成果的推出和电子计算机的应用，为适应宇航技术的发展，自动控制理论跨入了一个新的阶段——现代控制理论。它主要研究具有高性能、高精度的多变量变参数的最优控制问题，主要采用的方法是以状态为基础的状态空间法。目前，自动控制理论还在继续发展，正向以控制论、信息论、仿生学为基础的智能控制理论深入。

自动控制系统是在无人直接参与下可使生产过程或其他过程按期望规律或预定程序进行的控制系统。自动控制系统是实现自动化的主要手段，简称自控系统。随着工业自动控制系统装置制造行业竞争的不断加剧，大型工业自动控制系统装置制造企业间并购整合与资本运作日趋频繁，国内优秀的工业自动控制系统装置制造企业越来越重视对行业市场的研究，特别是对产业发展环境和产品购买者的深入研究。主要介绍了电气传动控制系统所需要的自动控制原理中的基本内容，自动控制系统的分析与校正，闭环直流调速系统，可逆直流调速系统，直流脉宽调速系统，位置随动系统，交流调速系统中的变频调速、矢量控制等新技术，同时结合工程实际，介绍了变频器的使用技术。

中国的工业自动化市场主体主要由软硬件制造商、系统集成商、产品分销商等组成。在软硬件产品领域，中高端市场几乎全部由国外著名品牌产品垄断，并仍将维持此种局面；在系统集成领域，跨国公司占据制造业的高端，具有深厚行业背景的公司在相关行业系统集成业务中占据主动，具有丰富应用经验的系统集成公司充满竞争力。

在工业自动化市场，供应和需求之间存在错位。客户需要的是完整的能满足自身制造工艺的电气控制系统，而供应商提供的是各种标准化器件产品。行业不同，电气控制的差异非常大，甚至同一行业客户因各自工艺的不同导致需求也有很大差异。这种供需之间的矛盾为工业自动化行业创造了发展空间。

中国拥有世界最大的工业自动控制系统装置市场，传统工业技术改造、工厂自动化、企业信息化需要大量的工业自动化系统，市场前景广阔。工业控制自动化技术正在向智能化、网络化和集成化方向发展。

随着工业自动控制系统装置制造行业竞争的不断加剧，大型工业自动控制系统装置制造企业间并购整合与资本运作日趋频繁，国内优秀的工业自动控制系统装置制造企业越来越重视对行业市场的研究，特别是对产业发展环境和产品购买者的深入研究。

由于计算机技术的发展，使微计算机控制技术在制冷空调自动控制的应用越来越普遍。计算机控制过程可归纳为实时数据采集、实时决策和实时控制三个步骤。这三个步骤不断地重复进行就会使整个系统按照给定的规律进行控制、调节。同时，也对被控参数及设备运行状态、故障等进行监测、超限报警和保护，记录历史数据等。

应该说，计算机控制在控制功能如精度、实时性、可靠性等方面是模拟控制所无法比拟的。更为重要的是，由于计算机的引入而带来的管理功能（如报警管理、历史记录等）的增强更是模拟控制器根本无法实现的。因此，在制冷空调自动控制的应用上，尤其在大中型空调系统的自动控制中，计算机控制已经占有主导地位。分为直接数字控制和集散型系统控制。

所谓直接数字控制是以微处理器为基础、不借助模拟仪表而将系统中的传感器或变送器的测量信号直接输入到微型计算机中，经微机按预先编制的程序计算处理后直接驱动执行器的控制方式，简称 DDC。这种计算机称为直接数字控制器，简称 DDC 控制器。DDC 控制器中的 CPU 运行速度很快，并且其配置的输入输出端口（I/O）一般较多。因此，它可以同时控制多个回路，相当于多个模拟控制器。DDC 控制器具有体积小、连线少、功能齐全、安全可靠、性价比高等特点。

集散型控制系统 Total Distributed Control System 缩写为 TDC。与过去传统的计算机控制方法相比，它的控制功能尽可能分散，管理功能尽可能集中。它是由中央站、分站、现场传感器与执行器三个基本层次组成。中央站和分站之间，各分站之间通过数据通信通道连接起来。分站就是上述以微处理器为核心的 DDC 控制器。它分散于整个系统各个被控设备的现场，并与现场的传感器及执行器等直接连接，实现对现场设备的检测与控制。中央站实现集中监控和管理功能，如集中监视、集中启停控制、集中参数修改、报警及记录处理等。可以看出，集散型控制系统的集中管理功能由中央站完成，而控制与调节功能由分站即 DDC 控制器完成。

第三节　自动控制系统

一、自动控制系统的组成

自动控制系统是在无人直接参与下，可使生产过程或其他过程按期望规律或预定程序进行的控制系统。自动控制系统是实现自动化的主要手段。按控制原理的不同，自动控制系统分为开环控制系统和闭环控制系统。在开环控制系统中，系统输出只受输入的控制，控制精度和抑制干扰的特性都比较差。开环控制系统中，基于按时序进行逻辑控制的称为顺序控制系统；由顺序控制装置、检测元件、执行机构和被控工业对象所组成。主要应用于机械、化工、物料装卸运输等过程的控制以及机械手和自动生产线。闭环控制系统是建立在反馈原理基础之上的，利用输出量同期望值的偏差对系统进行控制，可获得比较好的控制性能。闭环控制系统又称反馈控制系统。

为了达到自动控制的目的，由相互制约的各个部分，按一定的要求组成的具有一定功能的整体称为自动控制系统。它是由被控对象、传感器（及变送器）、控制器和执行器等组成。例如，室温自动控制系统的被控对象为恒温室，传感器为温度传感器，控制器为温度控制器，执行器为电动调节阀。

从总体上看，自动控制系统的输入量有两个，即给定值和干扰，输出量有一个，即被控变量。因此，控制系统受到两种作用，即给定作用和干扰作用。系统的给定值决定系统被控变量的变化规律。干扰作用在实际系统中是难以避免的，而且它可以作用于系统中的任意部位。通常所说的系统的输入信号是指给定值信号，而系统的输出信号是指被控变量。输入给定值这一端称为系统的输入端，输出被控变量这一端称为输出端。

从信号传递的角度来说，自动控制系统是一个闭合的回路，所以称为闭环系统。其特点是自动控制系统的被控变量经过传感器又返回到系统的输入端，即存在反馈。显然，自动控制系统中的输入量与反馈量是相减的，即采用的是负反馈，这样才能使被控变量与给定值之差消除或减小，达到控制的目的。闭环系统根据反馈信号的数量分为单回路控制系统和多回路控制系统。

在自动控制系统中，被控对象的输出量即被控量是要求严格加以控制的物理量，它可以要求保持为某一恒定值，例如温度、压力或飞行轨迹等；而控制装置则是对被控对象施加控制作用的相关机构的总体，它可以采用不同的原理和方式对被控对象进行控制，但最基本的一种是基于反馈控制原理的反馈控制系统。

在反馈控制系统中，控制装置对被控装置施加的控制作用，是取自被控量的反馈信息，用来不断修正被控量和控制量之间的偏差，从而实现对被控量进行控制的任务，这就是反馈控制的原理。

下面以自动分拣系统为例介绍一下自动控制系统各个组成部分的主要功能。

自动分拣系统一般由自动控制和计算机管理系统、自动识别装置、分类机构、主输送装置、前处理设备及分拣道口组成。

（一）自动控制和计算机管理系统

自动控制和计算机管理系统是整个自动分拣系统的控制指挥中心，分拣系统的各部件的一切动作均由控制系统决定，其作用是识别、接收和处理分拣信号，根据分拣信号指示分类机构按一定的规则（如品种、地点等）对物料进行自动分类，从而决定物料的流向。

分拣信号来源可通过条形码扫描、色码扫描、键盘输入、质量检测，语音识别、高度检测及形状识别等方式获取，经信息处理后，转换成相应的拣货单、入库单或电子拣货信号，自动分拣作业。

自动控制系统的主要功能如下：

1. 接受分拣目的地地址，可由操作人员经键盘或按钮输入，或自动接收；
2. 控制进给台，使物料按分拣机的要求迅速准确地进入分拣机；
3. 控制分拣机的分拣动作，使物料在预定的分拣口迅速准确地分离出来；
4. 完成分拣系统各种信号的检测监控和安全保护。

计算机管理系统主要对分拣系统中的各种设备运行情况数据进行记录、检测和统计，用于分拣作业的管理及分拣作业和设备的综合评价与分析。

（二）自动识别装置

物料能够实现自动分拣的基础是系统能够对物料进行自动识别。在物流配送中心，广泛采用的自动识别系统是条形码系统和无线射频系统。条码自动识别系统的光电扫描器安装在分拣机的不同位置，当物料在扫描器可见范围时，自动读取物料包装上的条码信息，经过译码软件即可翻译成条码所表示的物料信息，同时感知物料在分拣机上的位置信息，这些信息自动传输到后台计算机管理系统。

（三）分类机构

分类机构是指将自动识别后的物料引入到分拣机主输送线，然后通过分类机构把物料分流到指定的位置。分类机构是分拣系统的核心设备。分类的依据主要有：

1. 物料的形状、质量、特性等；

2. 用户、订单和目的地。

当计算机管理系统接收到自动识别系统传来的物料信息以后，经过系统分析处理，给物料产生一个目的位置，于是控制系统向分类机构发出控制指令，分类机构接受并执行控制系统发来的分拣指令并在恰当的时刻产生分拣动作，使物料进入相应的分拣道口。由于不同行业、不同部门对分拣系统的尺寸、质量、外形等要求都有很大的差别，对分拣方式、分拣速度、分拣口的数量等的要求也不尽相同，因此分类机构的种类很多，可根据实际情况，采用不同的前处理设备和分拣道口。

（四）主输送装置

主输送装置的作用是将物料输送到相应的分拣道口，以便进行后续作业，主要由各类输送机构成，又称主输送线。

（五）前处理设备

前处理设备是指分拣系统向主输送装置输送分拣物料的进给台及其他辅助性的运输机和作业台等。进给台的功能有两个：一是操作人员利用输入装置将各个分拣物料的目的地址送入分拣系统，作为该物料的分拣作业指令；二是控制分拣物料进入主输送装置的时间和速度，保证分类机构能准确地进行分拣。

（六）分拣道口

分拣道口也称分流输送线，是将物料脱离主输送线使之进入相应集货区的通道，一般由钢带、传送带、滚筒等组成滑道，使物料从输送装置滑向缓冲工作台，然后进行入库上架作业或配货作业。

上述 6 个主要部分在控制系统的统一控制下，分别完成不同的功能，各机构间协同作业，构成一个有机系统，完成物料的自动分拣过程。

二、自动控制系统的分类

按控制原理的不同，自动控制系统分为开环控制系统和闭环控制系统。

（一）开环控制系统

在开环控制系统中，系统输出只受输入的控制，控制精度和抑制干扰的特性都比较差。开环控制系统中，基于按时序进行逻辑控制的称为顺序控制系统；由顺序控制装置、检测元件、执行机构和被控工业对象所组成。主要应用于机械、化工、物料装卸运输等过程的控制以及机械手和生产自动线。

（二）闭环控制系统

闭环控制系统是建立在反馈原理基础之上的，利用输出量同期望值的偏差对系统进行控制，可获得比较好的控制性能。闭环控制系统又称反馈控制系统。

按给定信号分类，自动控制系统可分为恒值控制系统、随动控制系统和程序控制系统。

（三）恒值控制系统

给定值不变，要求系统输出量以一定的精度接近给定希望值的系统。如生产过程中的温度、压力、流量、液位高度、电动机转速等自动控制系统属于恒值系统。

（四）随动控制系统

给定值按未知时间函数变化，要求输出跟随给定值的变化。如跟随卫星的雷达天线系统。

（五）程序控制系统

给定值按一定时间函数变化。如程控机床。

三、自动控制系统的结构

为完成控制系统的分析和设计，首先必须对控制对象、控制系统结构有个明确的了解。一般，可将控制系统分为两种基本形式：开环控制系统和闭环（反馈）控制系统。

（一）开环控制系统

开环控制系统是一种最简单的控制方式，在控制器和控制对象间只有正向控制作用，系统的输出量不会对控制器产生任何影响。在该系统中，对于每一个输入量，就有一个与之对应的工作状态和输出量，系统的精度仅取决于元器件的精度和特性调整的精度。这类系统结构简单，成本低，容易控制，但是控制精度低，因为如果在控制器或控制对象上存在干扰，或者由于控制器元器件老化，控制对象结构或参数发生变化，均会导致系统输出的不稳定，使输出值偏离预期值。正因为如此，开环控制系统一般适用于干扰不强或可预测，控制精度要求不高的场合。

（二）闭环控制系统

如果在控制器和被控对象之间，不仅存在正向作用，而且存在着反向的作用，即系统的输出量对控制量具有直接的影响，那么这类控制称为闭环控制，将检测出来的输出量送回到系统的输入端，并与输入信号比较，称为反馈。因此，闭环控制又称为反馈控制。

在控制系统中，反馈的概念非常重要。如果将反馈环节取得的实际输出信号加以处理，并在输入信号中减去这样的反馈量，再将结果输入到控制器中去控制被控对象，我们称这样的反馈为负反馈；反之，若由输入量和反馈量相加作为控制器的输入，则称为正反馈。

在一个实际的控制系统中，具有正反馈形式的系统一般是不能改进系统性能的，而且容易使系统的性能变坏，因此不被采用。而且有负反馈形式的系统，它通过自动修正偏离量，使系统趋向于给定值，并抑制系统回路中存在的内扰和外扰的影响，最终达到自动控制的目的。通常，反馈控制就是指负反馈控制。与开环系统比较，闭环控制系统的最大特点是检测偏差，纠正偏差。从系统结构上看，闭环系统具有反向通道，即反馈；其次，从功能上看，①由于增加了反馈通道，系统的控制精度得到了提高，若采用开环控制，要达到同样的精度，则需高精度的控制器，从而大大增加了成本；②由于存在系统的反馈，可以较好地抑制系统各环节中可能存在的扰动和由于器件的老化而引起的结构和参数的不稳定性；③反馈环节的存在，同时可较好地改善系统的动态性能。当然，如果引入不适当的反馈，如正反馈，或者参数选择不恰当，不仅达不到改善系统性能的目的，甚至会导致一个稳定的系统变为不稳定的系统。

指令电位器和反馈电位器组成的桥式电路是测量比较环节，其作用就是测量控制量——输入角度和被控制量——输出角度，变成电压信号和并相减，产生偏差电压。

当负载的实际位置与给定位置相符时，则电动机不转动。当负载的实际位置与给定位置不相符时，和也不相等，产生偏差电压。偏差电压经过放大器放大，使电动机转动，通过减速器移动负载 L，使负载 L 和反馈电位器向减少偏差的方向转动。

四、自动控制的应用

自动控制系统已被广泛应用于人类社会的各个领域。

在工业方面，对于冶金、化工、机械制造等生产过程中遇到的各种物理量，包括温度、流量、压力、厚度、张力、速度、位置、频率、相位等，都有相应的控制系统。在此基础上通过采用数字计算机还建立起了控制性能更好和自动化程度更高的数字控制系统，以及具有控制与管理双重功能的过程控制系统。在农业方面的应用包括水位自动控制系统、农业机械的自动操作系统等。

在军事技术方面，自动控制的应用实例有各种类型的伺服系统、火力控制系统、制导与控制系统等。在航天、航空和航海方面，除了各种形式的控制系统外，应用的领域还包括导航系统、遥控系统和各种仿真器。

此外，在办公室自动化、图书管理、交通管理乃至日常家务方面，自动控制技术也都有着实际的应用。随着控制理论和控制技术的发展，自动控制系统的应用领域还在不断扩大，几乎涉及生物、医学、生态、经济、社会等所有领域。

第四节 自动化控制系统的网络结构和网络通信

网络的发展，为自动化控制的发展和应用提供了更广阔的空间。

一、自动化控制系统的网络结构

从现场级到生产控制级，再到公司管理层网络结构可采用多种不同类型的网络来设计，目前用到最多的就是工业以太网，现场级大多采用西门子的 Profibus 网络，西门子的 Profinet 网络（是把以太网和 Profibus 结合于一体）是新开发的一种现场级网络，在将来会逐步代替 Profibus 网络，而现场级以上的三层控制系统大都采用以太网。以太网在自动化控制系统中扮演着很重要的角色。基础自动化系统中的现场级网络采用 Profibus（使用最为广泛）或 Profinet 是目前最流行和实用的两种网络。但是 Profinet 网络比 Profibus 网络优越很多，因为 Profinet 就是基于以太网的，因此，Profinet 是后来居上。

现场级以上的控制系统采用工业以太网，每一级的工业以太网都可以采用不同的结构，如：环形结构、树形结构等。所有以太网接口的设备都可以通过交换机、集线器和路由器等连接到以太网网络之中。为了保证网络畅通和系统的稳定性和可靠性，建议所有的控制系统采用环形网络或者做冗余系统。

二、自动化系统的以太网网络通信

（一）PLC 与 PLC 之间的以太网通信

这里以西门子 S7-300/400 系列的 PLC 为例。PLC 之间可采用 S7 通信、S5T 容通信（包括 ISO 协议、TCP 协议、ISO-on-TCP 协议等），下面介绍几种常用的通信方法。

所需硬件：2 套 S7-300 系统（包括电源模块 PS307、S7-300PLC、以太网通信模块 CP343-1）、PC 机、以太网通信网卡 CP1613 以及连接电缆。所需软件：STEP7。①S7 通信使用 STEP7 软件进行硬件组态和网络组态（建立 S7 连接）以及编写通信程序。如果选择双边通信要在 PLC 双方都编写通信程序。S7-300PLC 调用函数 FB12、FB13 进行通信。S7-400 调用函数 SFB12、SFB13 来进行通信；如果选择单边通信只在主动方编写通信程序，S7-300PLC 调用 FB14、FB15 进行通信。S7-400 调用函数 SFB14、SFB15 来进行通信。②TCP 通信使用 STEP7 软件进行硬件组态和网络组态（建立 TCP 连接）以及编写通信程序。PLC 双方都编写通信程序。S7-300PLC 调用函数 FC5、FC6 进行通信，S7-400 调用函数 FCSO、FC60 来进行通信。③ISO 通信使用 STEP7 软件进行硬件组态和网络组态（建立 ISO 连接）以及编写通信程序。PLC 双方都编写通信程序，S7-300PLC 调用函数 FC5、FC6 进行通信，S7-400 调用函数 FC50、FC60 来进行通信。以上三种通信方式的操作方法基本一致，只有在建立连接时选择各自的协议即可。

（二）PLC 与 HMI 之间的以太网通信

由于上位机监控软件种类繁多，PLC 与 HMI 之间的通信也就种类繁多。不同的上位机监控产品可能与 PLC 的通信协议不相同。但大多监控软件都有一个共同的标准接口：OPC 接口，因此 PLC 与 HMI 之间的以太网通信大多都可采用 OPC 进行通信。除此之外，用户还可以使用 VC、VB 等编程软件开发一些简单的监控界面与西门子 HMI 直接进行 TCP 通信。①OPC 通信所需硬件：1 套 S7-300 系统（包括电源模块 Ps307、S7-300PLC，以太网通信模块 CP343-1），PC 机，以太网通信网卡 CP1613 以及连接电缆。所需软件：STEP7、SIMATlC NET6.3（提供虚拟 PC 机和对 PC 站的参数设置）、组态王。以太网通信实现：使用 STEP7 软件进行硬件组态和网络组态以及使用 SIMATlC NET 进行虚拟 PC 机组态。在 SIMATlC NET 软件提供的 OPC SCOUT 中建立所需变量并添加到列表中查看其质量戳，如果为 good，说明配置成功；如果为 bad，说明配置失败。在上位机监控软件中建立 OPC 通信接口，并建立外部变量。在变量的连接设备中选择建立的 OPC 接口，在变量的寄存器中选择在 OPC SCOUT 处所建立的变量，这样就通过 OPC 接口实现了 PLC 与上位机监控软件 HMI 之间的通信。如果在不使用上位监控软件时还可以通过使用 VC、VB 编写的应用程序读写 OPC SCOUT 里建立的变量来实现。②通过 VB 编写的应用程序与西门子 PLC 的 TCP/IP 通信中，所需硬件：1 套 S7-300 系统（包括电源模块 PS307、S7-300PLC、以太网通信模块 CP343-1）。PC 机、普通计算机以太网通信网卡以及连接电缆。所需软件：STEP7、VB0 以太网。通信实现：使用 STEP7 软件进行硬件组态和网络组态（建立 TCP 连接）以及使用 SIMATIC NET 进行虚拟 PC 机组态。（建立 TCP 连接）编写通信程序，在 PLC 一方编写通信程序，S7-300PLC 调用函数 FC5、FC6 进行通信，S7-400 调用函数 FC50、FC60 来进行通信，在 HMI 一方用 VB 编写通信程序，采用 Winsock 控件来实现。

工业以太网中的网络结构和网络通信是自动化控制系统中的核心部分，因此对每一个自动化控制系统来说网络结构和网络通信的设计是否理想，直接决定该系统性能的好坏。由于工业以太网技术展示出来“一网到底”的工业控制信息化美景，即它可以一直延伸到企业现场设备控制层，所以被人们普遍认为是未来控制网络的最佳解决方案，工业以太网已成为现场总线中的主流前沿技术。

第五节　自动化控制系统中的抗干扰措施

在工业生产中会应用大量的控制设备及电路系统，这样就会形成较为复杂的电磁环境，使正常的工作信号受到干扰，导致工作信息收集缺乏精准性、数据采集偏大等问题。为了提升系统的整体稳定性，有必要探究提升设备的整体性能的有效手段，进而为工业生产的顺利进行奠定基础。

一、自动化控制系统干扰来源与分类

在工业自动化控制系统中会出现不同程度的干扰，其主要有控制系统内部干扰、干扰感应模型等，常见的干扰源如下。

（一）控制系统内部干扰

控制系统内部电子设备造成的干扰是不同元器件中产生的辐射造成的，这种辐射量虽然较小，但是在载体额定的状况之下会影响自动控制系统的稳定运行。

1. 系统接线造成的干扰

自动控制系统要通过各种线路接入电源信号，自动化控制系统接线会给系统造成不同程度的干扰与影响。

2. 信息连接诱发的干扰

自动控制系统可以分析、发出信息，是一体化的系统。自动控制系统通过复杂的信息传输线路与外界连接，在信息接收或者传递过程中会出现不同的干扰信号，导致系统出现信息传送错误等问题。在一般状况下，信号线会受到外部电磁辐射的影响。

（二）干扰感应模型

在工业生产中，传输电磁能量的装置都是干扰源，可以成为主要的干扰变量。因为存在的位置不同，在系统内外均会形成不同的干扰源。干扰变量会受到一些敏感设备的影响，产生耦合性因素，造成一系列的电磁活动，出现相对分散的振幅及频率性影响，不同程度地影响工业自动化设备的正常运行。

在实践中较为常见的耦合方式主要有电流耦合、电感耦合、电容耦合及电磁辐射感应产生的电磁场耦合等，无论何种方式的耦合都会对系统造成严重的影响。

（三）常见干扰源

根据不同的标准类型可以划分不同的干扰源，在一般状况下，可以分为自然干扰源及技术性干扰源两种类型。而综合频率可以分为宽频、窄频、导体、电源、辐射及有序、无序等不同类型的干扰源。在工业生产中，主要产生的干扰源有变频器及雷电干扰、线路干扰等。变频器干扰主是受到空间及线路电磁辐射影响而产生的。

1. 辐射干扰

受到雷电、电路及高频感应装置等相关空间设备的影响产生的空间辐射问题，此种类型的干扰源无法得到有效的抑制，主要是通过切断电流的方式降低电磁感应造成的干扰。可以通过科学规划线路、合理装设防雷装置等进行预防，避免辐射干扰对工业自动化设备的影响。

2. 传导性干扰

此类干扰主要是由线路诱发的，多数为电源线干扰。出现此种问题主要是供电电源系统窜入，并与供电电源耦合进入造成的。在一般状况之下，通过电网电源供电，一些大型的设备在启动及关闭的时候会诱发电磁感应问题，这些问题会直接影响供电电源，进而对控制系统造成干扰。

同时，由信号线造成的干扰是较为严重的。信号在流通电流的过程中会产生电磁感应，如果在其周边存在导线，就会出现瞬时感应电流。在感应电流达到特定数值的时候就会影响信号接收。多数信号线在运行中会对周边的线路产生影响，造成控制器出现不同程度的变化，严重的甚至会造成死机等问题。在一般状况下，可以采用绝缘电缆的方式控制和屏蔽干扰，达到降低干扰的效果。

3. 设计施工诱发的干扰

在工业生产中，因为是按生产需求进行建筑施工，在施工中会因人为因素、工程技术性设计及安装、操作等行为而诱发干扰。例如，接地系统设计缺乏合理性就会造成系统干扰性问题，设备高频发生器出现距离控制设计不合理的问题也会诱发干扰问题，等等。此种类型的干扰主要是通过优化接地系统设计和提升施工技术手段进行控制。

二、自动化控制系统的抗干扰措施分析与研究

现代工业生产中会应用各种电路系统，因此电路环境相对复杂，不同的干扰问题形成耦合进入控制系统中，就会损害控制系统。为了保障工业控制系统的稳定性，降低电气干扰产生的不良影响，工业人员在设计及维护管理中要通过合理的方式强化控制，降低电磁干扰产生的不良影响。对此，在设计过程中要探究合理的对策与手段，根据具体的情况，合理地在工业自动化控制系统中应用抗干扰措施。

（一）应用屏蔽措施，减少辐射影响

综合电磁学原理及金属特性，考虑成本等因素，采取合适的屏蔽措施可以有效地屏蔽在空间中存在的电磁辐射干扰与影响。将要保护的装置放置在密闭的防辐射金属容器中，这样可以保障其正常运行，也避免了设备在运行中出现电磁辐射干扰。同时，可以通过电涡流屏蔽方式控制电磁场干扰问题。

（二）控制电源干扰

为了减少电源对自动化控制系统产生的干扰，在实践中要综合市场中不同电源的特征、容量及型号等因素，对其进行系统化的选择与应用。在应用中要分析变压器的电源及自动控制系统中仪表的供电电源应用方式，进而达到提升自动化控制系统整体抗干扰能力的目的。

在电源输入端要设置隔离变压器应用装置，对隔离变压器的初级绕组分别添加屏蔽层，避免电磁感应诱发的干扰性问题；同时，屏蔽要可靠接地，在一些大功率器件的应用中要重视电源隔离措施，合理防范电源线路产生的电磁干扰问题。还可以安装避雷装置与设备。

为了合理控制电网故障等因素而诱发的自动控制系统电压失稳问题，就要合理地应用不间断的电源设备，达到稳定系统电压、提升系统整体稳定性的效果。

（三）补充

通常，优化接地系统主要应用直接接地、浮地接地及电容接地集中方式。在选择接地方式的过程中，要综合考虑安全性及抗干扰效果等，结合控制系统装置在运行中的特征优势，选择适宜的接地模式与手段。在常规状况之下，主要应用直接接地的方式进行控制。在布局集中的系统中，主要应用并联接地的模式进行处理。不同设备中的接地线要单独接入地极。对于自动控制系统布局比较为分散的，可以应用串联一点的方式进行接地处理。在串联一点接地模式中，要将不同设计标的接地点连接到大直径的母线上，将其接入地极中。常规状况之下，接地母线直径截面高于 9 mm，而普通类型的母线直径要高于 5 mm，同时接地线的电阻要在 2Ω 以内，地极与建筑物之间的距离要控制在 10~15 m 的间距中。

在进行信号线的接地处理中，要做好屏蔽层的接地控制与处理。如果信号源接地，则屏蔽层的信号就要与信号一侧的地极连接；如果信号源中没有接地，则屏蔽层就要与控制系统一侧的地极连接。

（四）电缆的敷设

在进行电缆敷设中，我们用不同的电缆同时进行电源与信号的传递，要应用不同的电缆分别传递不同的信号信息，电缆要根据信号传输的具体类型进行分层敷设，进而避免信号线路及电力线路过近而诱发的电磁干扰问题。

（五）系统抗干扰措施的设置

电磁波在人们的生活中广泛存在，在工业生产中为了提升系统的自动控制能力，就要提升其整体的抗干扰能力。系统设计及开发人员要通过专业的软件进行设计研究，增强整体性能和抗干扰能力。可以通过数字滤波及工频采样软件进行控制，消除存在的周期性电磁干扰问题；通过软件标志位设计提升整体性能，校正参考点电位，避免电位漂移造成的干扰性问题，也可以通过自动纠错软件进行处理，在系统出现错误的时候，可及时排除错误，保障系统的稳定运行。

工业自动化控制系统在运行过程中会受到各种干扰源的影响，为了提升系统的整体性能，就要综合工作环境及控制系统的规划进行系统化设计，对其进行反复调试安装，合理地控制干扰问题，进而保障工业自动化系统的稳定、安全运行，降低各种安全隐患，提升我国工业化水平。

第二章　电气自动化控制技术系统

第一节　电气自动化控制技术发展的意义

目前，随着我国人民生活水平的不断提高，人们越来越重视电气自动化控制系统的应用。电气自动化控制技术具有很多优点，比如智能化、节约化、信息化等。电气自动化技术给人们的生活和工作带来了极大的便利，对社会经济的不断发展发挥着非常重要的作用。时代在进步，社会在发展，因此，为了跟上市场发展的需求，我国政府应该加大对电气自动化控制系统的投入力度，使得电气自动化控制系统功能变得更加强大，保证电气自动化控制系统朝着开放化、智能化方向发展。

一、电气自动化控制系统的发展历程

20 世纪 50 年代初，英国钢铁研究协会（BISRA）建立了电气设备弹跳方程和设备刚度的概念，将机器运行理论从单纯以经典力学知识为基础研究其变形规律转化为力学和自动控制理论相结合的统一研究，并建立了电气自动控制系统的数学模型，使得电气自动化控制研究从人工手动调节阶段进入了自动控制阶段，实现了电气自动化控制史的一次重大突破。由于该自动控制系统的推广，使得制作出的产品在几何精度上有了较大的提高，并在一段时间内被广泛使用。尔后，随着计算机技术的飞速发展以及广泛应用，将计算机技术引入电气自动化控制中，再一次实现了自动化水平的飞跃，从此进入了计算机控制阶段。如今 AGC 在电气自动化生产中已相当成熟。如基于模型参考自适应 Smith 预估器的反馈式 AGC 智能控制系统，该方法很好地将电气设备波动现象给消除了，从而提升了响应速度。还有学者将传统的 PI 控制与嵌入式重复控制相结合，所提出的新型复合控制方案，也在电气自动化领域取得了很好的效果。

随着电气自动化控制系统的日臻完善以及板厚精度的不断提高，人工智能控制作为电气自动化控制的另一重要方面，面临着巨大的挑战。以工业轧机为例，20 世纪 60 年代，学者们以斯通（M. D. Stone）的理论为基础，不断研究弹性基础理论及轧机液压弯辊技术，建立了板形自动控制系统（AFC），并迅速发展起来。70 年代，日本研制出的 HC 轧机，以其优异的控制能力，广泛应用于冷轧领域中。同时，板形控制的研究还依赖于板形

测量手段，这就需要先进的板形测量仪，目前我国自主研发的板形测量仪也已经达到了国际领先水平。

20 世纪 70 年代，国外学者将 AGC 和 AFC 结合，提出电气工程智能控制系统后，国内外诸多学者对此进行了大量研究。由于此智能控制研究涉及的理论知识繁多，难以建立精确模型，同时还需要一定的工艺知识以及如何运用到生产设备中，这使得到目前为止还未达到理想的控制精度。但随着研究的深入，科技的发展，越来越多的理论运用到其中，这让智能制造技术在电气自动化控制领域也取得不错的成绩。如借助 PSO 的小波神经网络解耦 PD 控制技术，使用小波神经网络解耦，然后 PSO 优化 PD 控制器参数，该方法具有良好的抗干扰能力。如今，随着现代控制理论和智能控制理论的发展，将两者结合运用到电气自动化控制系统中已经成为主流趋势，并且还在不断完善。

如今，电气自动化控制技术的发展前景十分明确，电气自动化控制技术已经成为企业生产的主要部分。除此之外，电气自动化控制技术还是现代电气自动化企业科学的核心技术，是企业现代化的物质基石，是企业现代化的重要标志，许多工厂、企业将生产产品需人工完成的或因环境危险工人无法完成的部分用机器进行替代，工业的电气自动化控制技术节约了成本和时间，从一定程度上提高了工作效率，它的使用提高了工作的可靠性、运行的经济性、劳动生产率，改善劳动条件等。它的使用把人从繁重的体力劳动转变为了对机器的控制技术，完成了人工无法完成的工作。当前许多学校为了顺应时代潮流开设了电气自动化控制技术专业，电气自动化控制技术是电气信息领域的一门新兴学科，更重要的是它和人们的日常生活以及工业生产密切相关，它的发展如今非常迅速，当前相对比较成熟，已经成为高新技术产业的重要组成部分，电气自动化控制技术广泛应用于工业、农业、国防等领域。电气自动化控制技术的发展在国民经济中已经发挥着越来越重要的作用。可以说，电气自动化控制技术的发展是提升城市品位和城市居民生存质量的重要因素，是人民日益增长的物质需求造成的，是社会发展的必然产物。

随着我国市场经济的进一步成熟，电气化技术方面的竞争也越来越激烈。因此，我国电气化控制技术研发机构必须结合自身的实际情况，发挥出自身的优势，才能在行业当中抢占重要的位置。电气自动化技术能够最大限度地降低人工劳动的强度，提高检测的精准度，增强传输信息的实时性、有效性，保证生产活动的正常开展；同时，减少了发生安全事故的可能，确保设备能够正常地运行。

（一）电气自动化工程 DCS 系统

DCS，即分布式控制系统，是相对于集中系统而言的一种新兴的计算机控制系统。但随着 DCS 逐渐的运用，也越来越显示出分布式控制系统存在的缺点。比如，受 DCS 系统模拟混合体系所限制，采用的仍然是模拟的传统型仪表，大大地降低了系统的，维修起来也比较困难；分布式控制系统的生产厂家之间缺乏统一的标准，降低了维修的互换性；此外，就是价格非常昂贵。因此，在现代科技革命之下，必须进行技术上的创新。

（二）电气自动化控制系统的标准语言规范

电气自动化控制系统的标准语言规范是 Windows NT 和 IE。在电气自动化的发展领域，发展的主要流向已经衍变成为人机的界面。因为 PC 系统控制的灵活性质以及容易集成的特性，使其正在被越来越多的用户所接受和使用；同时，电气自动化控制系统使用的标准系统语言，使其更加容易进行维护处理。

二、电气自动化控制系统的发展趋势

随着经济社会的发展、信息技术的进步以及网络技术的进一步发展，计算机在未来电气工程发展中的作用日益突出。当前 IEC61131 已经变成了重要的国际化标准，广泛地被各大电气自动化控制系统厂商所采纳。与此同时，Internet 技术、以太网以及服务器体系结构等引发了电气自动化的一场场革命。由于市场需求的不断增大，使得自动化与 IT 平台不断融合，电子商务也不断普及，这又促使这一融合不断加快。在当前信息时代，多媒体技术以及 Internet 技术在自动化领域中具有非常广泛的应用前景。电气企业的管理人员可以通过标准化的浏览器来存取企业中重要的管理数据，而且也可监控现在生产过程中的动态画面，从而及时地了解准确而全面的生产信息。除此之外，视频处理技术以及虚拟现实技术的应用对将来的电气自动化产品，比如说设备维护系统以及人机界面的设计产生非常重要的影响。这就使得相应的通信能力、软件结构以及组态环境的重要性日益突出，电气自动化控制系统中软件的重要性也逐渐提高。电气自动化控制系统将从过去单一的设备逐渐朝着集成的系统方向转变。

（一）注重开放化发展

在电气自动化控制系统研究中，相关研究人员应该注重开放化发展。目前，随着我国计算机技术水平的不断发展，相关研究人员都把电气自动化与计算机技术有效地结合在一起，促进了计算机软件的不断开发，使得电气自动化控制技术朝着集成化方向发展。与此同时，随着我国企业的运营管理自动化的不断发展，ERP 系统集成管理理念引起了广泛的关注。ERP 系统集成管理主要指的就是把所有的控制系统和电气控制系统互相连接起来，从而实现对系统信息数据的有效收集和整理。另外，电气自动化控制系统还有很多的优点，不仅能够实现信息资源的共享，还能提高企业的工作效率，这在一定程度上体现了电气自动化控制的全面开放化发展。最后，以太网技术也给电气自动化控制系统带来了很大的改变，从而使得电气自动化控制系统在多媒体技术和网络的共同参与下拥有了更多的控制方式。

（二）加快智能化发展

电气自动化控制系统的广泛应用，给人们的生活和工作带来了很大的便利。目前，随着以太网传输速率的提高，电气自动化控制系统面临着更大的挑战和机遇。因此，为了保证电气自动化控制系统的可持续发展，相关研究人员应该重视电气自动化控制系统的研究，加快智能化发展，从而满足目前市场的发展需求。与此同时，现在很多PLC生产厂家都在研究和开发故障检测智能模块，这在一定程度上减少了设备故障发生的概率，提高了系统的可靠性和安全性。总之，很多自动化控制厂商也都开始认识到了自动化控制技术的重要性，从而促进了电气自动化控制向着智能化的方向发展，为我国社会经济的不断发展奠定了坚实的基础。

（三）加强安全化发展

对于电气自动化控制系统来说，安全控制是其中应该重点研究的方向。为了保证电气用户能够在安全的情况下进行产品生产，相关的研究人员应该重点加强安全与非安全系统控制的一体化集成，尽量减少成本，从而保证电气自动化控制系统的安全运行。除此之外，从目前我国电气自动化控制系统的发展现状来看，系统安全已经逐步从安全级别需求最大的领域向其他危险级别较低的领域转变。同时，相关技术研究人员也应该重视电气自动化控制系统的网络设施发展，将硬件设备向软件设备方向发展，提高网络技术水平，从而保证网络的安全性和稳定性。

（四）实现通用化发展

目前，电气自动化控制系统也正在朝着通用化的方向发展。为了真正实现自动化系统的通用化，应该对自动化产品进行科学的设计、适当的调试，并不断提高对电气自动化产品的日常维护水平，从而满足客户的需求。除此之外，目前很多电气自动化控制系统普遍在使用标准化的接口，这样做的目的是保证办公室和自动化系统资源数据的共享，摒弃以往电气接口的独立性，实现通用化，从而为用户带来更大的便利。

OPC技术的出现，IEC61131的颁布，以及Windows平台的广泛应用，使得未来的电气技术结合计算机日益发挥着不可替代的作用。市场的需求驱动着自动化和IT平台的融合，电子商务的普及将加速这一过程。电气自动化控制系统的高度智能化和集成化，决定了研发制造人员技术专业性要强；同时，也对电气自动化控制系统相关岗位的操作人员有专业性的要求。对岗位的操作人员培训尤其需要加强。对于电气自动化控制系统这一现代化技术装备，在进行安装的过程中就应该安排岗位人员进行培训，让他们在安装过程中熟悉整个系统的安装流程，加深技术人员对于自动化系统的认知。特别是对于从未接触过这一新设备、新技术的企业和人员，显得更为重要。并且，企业应该注重对员工的技术操作水平的提升，让技术员工必须掌握操作系统硬件，软件的相关实际技术要点和保养维修知识，避免人为降低系统工程的安全与可靠性。

第二节 电气自动化控制技术系统简析

一、电气自动化控制技术系统的含义

电气自动化控制系统指的是不需要人为参与的一种自动控制系统，可以通过监测、控制、保护等仪器设备实现对电气设施的全方位控制。电气自动化控制系统主要包括供电系统、信号系统、自动与手动寻路系统、保护系统、制动系统等。供电系统为各类机械设备提供动力来源；信号系统主要采集、传输、处理各类信号，为各项控制操作提供依据；自动和手动寻路系统可以借助组合开关实现自动和手动的切换；保护系统通过熔断器、稳压器保护相关线路和设备；制动系统可以在发生故障或操作失误时进行制动操作，以减小损失。

二、电气自动化控制技术系统的分类

电气自动化控制系统可以从多个角度进行分类，从系统结构角度分析，电气自动化控制系统可以分为闭环控制系统、开环控制系统和复合控制系统；从系统任务角度分析，电气自动化控制系统具体分为随动系统、调节系统和程序控制系统；从系统模型角度进行分类，电气自动化控制系统主要包括线性控制系统和非线性控制系统两种类型，还可以分为时变和非时变控制系统；从系统信号角度进行分类，电气自动化控制系统可以分为离散系统和连续系统。

三、电气自动化控制技术系统工作的原则

电气自动化控制系统的工作过程中，不是连接单一设备，而是多个设备相互连接同时运行，并对整个运行过程进行系统性调控；同时，需要应用生产功能较完整的设备进行生产活动控制，并设置相关的控制程序，对设备的运行数据进行显示和分析，从而全面掌握

系统的运行状态。电气自动化控制系统需要遵循的工作原则主要包括以下几点：

第一，具备较强抗干扰能力，由于是多种设备相互连接同时运行，不同设备之间会产生干扰，电气自动化控制系统要通过智能分析使设备提高排除异己参数的抗干扰能力；

第二，遵循一定的输入和输出原则，结合工程的实际应用的特点及工作设备型号，技术人员须调整好相关的输入与输出设置，并根据输入数据对输出数据进行转化，通过工作自检避免响应缓慢问题，并对设定的程序进行漏洞修补，从而实现定时、定量的输入和输出。

四、电气自动化控制技术系统的应用价值

随着科技的进步和工业的发展，电气自动化生产水平也得到提高，因此，加强系统的自动化控制尤其重要。电气自动化控制系统可以实现过程的自动化操控及机械设备的自动控制，从而降低人工操作难度，进一步提高工作效率，其应用价值主要体现在以下几点：

（一）自动控制

电气自动化控制系统的一个主要应用功能就是自动控制，例如，在工业生产中的应用，只需要输入相关的控制参数就可以实现对生产机械设备的自动控制，以缓解劳动压力。电气自动化控制系统还可以实现运行线路电源的自动切断，还可以根据生产和制造需要设置运行时间，实现开关的自动控制，避免人工操作出现的各种失误，极大地提高生产效率和质量。

（二）保护作用

工业生产的实际操作中，会受到各种复杂因素的影响，例如生产环境复杂、设备多样化、供电线路连接不规范等，极易造成设备和电路故障。传统的人工监测和检修难以全面掌控设备的运行状态，导致各种安全隐患问题。通过应用电气自动化控制系统，在设备出现运行故障或线路不稳定时，可以通过保护系统实现安全切断，终止运行程序，避免安全事故和经济损失，保障电气设备的安全运行。

（三）监控功能

监控功能是电气自动化控制系统应用价值的重要体现，在计算机控制技术和信息技术的支持下，技术人员可以通过应用报警系统和信号系统，对系统的运行电压、电流、功率进行限定设置，但超出规定参数时，可以通过报警装置和信号指示对整个系统进行实时监控。此外，电气自动化控制系统还可以实现远程监控，将各系统的控制计算机进行有效连

接，通过识别电磁波信号，在远程电子显示器中监控相关设备的运行状态，从而实现数据的实时监测和控制。

（四）测量功能

传统的数据测量主要通过工作人员的感官进行判断，例如眼睛看、耳朵听，从而了解各项工作的相关数据。电气自动化控制系统具有对自身电气设备电压、电流等参数进行测量的功能，在应用过程中，可以实现对线路和设备的各种参数进行自动测量，还可以对各项测量数据进行记录和统计，为后期的各项工作提供可靠的数据参考，方便工作人员的管理。

第三节　电气自动化控制技术系统的特点

一、电气自动化控制技术系统的优点

说起电气自动化控制技术，不得不承认现如今经济的快速发展是和工业电气自动化控制技术有关的，电气自动化控制技术可以完成许多人无法完成的工作，比如一些工作是需要在特殊环境下完成的，辐射、红外线、冷冻室等这些环境都是十分恶劣的，长期在恶劣的环境下工作会对人体健康产生影响，但许多环节又是需要完成的，这时候机器自动化的应用就显得尤为重要。所以，工业电气自动化的应用可以给企业带来许多方便，它可以提高工作效率，减少人为因素造成的损失，工业自动化为工业带来的便利不容小觑。

据相关调查研究发现，一个完整的变电站综合自动化系统除了在各个控制保护单元中存有紧急手动操作跳闸以及合闸的措施之外，别的单元所有的报警、测量、监视以及控制功能等都可以由计算机监控系统来进行。变电站不需要另外设置一些远动设备，计算机监控系统可以使得遥控、遥测、遥调以及遥信等功能与无人值班的需要得到满足。就电气自动化控制系统的设计角度而言，电气自动化控制系统具有许多优点，比如说：

（一）集中式设计

电气自动化控制系统引用集中式立柜与模块化结构，使得各控制保护功能都可以集中于专门的控制与采集保护柜中，全部的报警、测量、保护以及控制等信号都在保护柜中予以处理，将其处理为数据信号之后再通过光纤总线输送到主控室中的监控计算机中。

（二）分布式设计

电气自动化控制系统主要应用分布式开放结构以及模块化方式，使得所有的控制保护功能都分布于开关柜中或者尽可能接近于控制保护柜之上的控制保护单元，全部报警、测量、保护以及控制等信号都在本地单元中予以处理，将其处理为数据信号之后通过光纤的总线输送到主控室的监控计算机中，各个本地单元之间互相独立。

（三）简单可靠

因为在电气自动化控制系统中用多功能继电器来代替传统的继电器，能够使得二次接线得以有效简化。分布式设计主要是在主控室和开关柜间进行接线，而集中式设计的接线也局限在主控室和开关柜间，因为这两种方式都在开关柜中进行接线，施工较为简单，具有接线能够在开关柜与采集保护柜中完成的特点，操作较为简单而可靠。

（四）具有可扩展性

电气自动化控制系统的设计可以对电力用户未来对电力要求的提高、变电站规模以及变电站功能扩充等进行考虑，具有较强的可扩展性。

（五）兼容性较好

电气自动化控制系统主要是由标准化的软件以及硬件所构成，而且配备有标准的就地I/O接口与穿行通信接口，电力用户能够根据自己的具体需求予以灵活的配置，而且系统中的各种软件也非常容易与当前计算机计算的快速发展相适应。

当然，电气自动化控制技术的快速发展与它自身的特点是密切相关的，例如每个自动化控制系统都有其特定的控制系统数据信息，通过软件程序连接每一个应用设备，对于不同设备有不同的地址代码，一个操作指令对应一个设备，当发出操作指令时，操作指令会即刻到达所对应设备的地址，这种指令传达的快速且准确，既保证了即时性，又保证了精确性。与工人人工操作相比，这种操作模式对于发生操作错误的概率会更低，自动化控制技术的应用保证了生产操作快速高效的完成。除此之外，相对于热机设备来说，电气自动化控制技术的控制对象少、信息量小，操作频率相对较低，且快速、高效、准确。同时，为了保护电气自动化控制系统，使得其更稳定，数据更精确，系统中连带的电气设备均有较高的自动保护装置，这种装置对于一般的干扰均可降低或消除，且反应能力迅速，电气自动化系统的大多设备有连锁保护装置，这一系列的措施满足有效控制的要求。

作为一种新兴的工艺和技术，电气自动化解决的最主要的问题是很多人力不能完成的工作，因为环境的恶劣而没有办法解决的问题也能够顺利完成，比如在温度极高或者极低的条件下工作或者在有辐射的环境下工作。身处恶劣环境时，劳动者的身体会在一定时间里受到不同程度的损害，甚至这种损害将会对他们一生带来影响，成为一种职业病，但有的重要工序是不可省去的。电气自动化技术就可以通过控制机器来完成这些需要在特定环境下完成的工作，在很大程度上节省了人力物力，同时使工人的健康得到保障，工作效益也进一步提高，企业也会减少一些不必要的损失。显而易见，电气自动化控制技术给企业带来的益处数不胜数。电气自动化控制技术的特点与它的飞速发展是紧密联系的，比如说，每一个控制系统都不是随随便便建立的，它有其自身相关的数据信息，每一台设备都和相应的程序连接，地址代码也会因为设备的不同而有所差异，操作指令发出后会快速地传递到相应的设备当中，及时并且是准确的。电气自动化控制系统的这种操作大大降低了由于工人大意而造成的误差，并且在一定程度上提高了工作效率。

电气自动化控制技术的应用是顺应社会发展带来的新技术、新工艺。电气自动化控制技术的发展与应用，使得很多人工劳动难以完成的工作项目或恶劣环境下无法完成的劳动内容也得到完成，例如在有辐射的工作区域、冻室、高温室等工作区域，这些条件都十分恶劣，劳动者长期在此环境下操作会对健康造成极坏的影响，甚至得无法治愈的职业病，而很多工作环节又是不可替代的，必须完成的，电气自动化控制技术的应用就很好地解决了这个问题，通过设备自动化控制与操作，使人们到恶劣环境中操作的机会降低，人体健康进一步得到保护，同时，也提高了工作效率，给企业的技术操作带来便利，降低了人为操作因素带来的损失，电气自动化技术的应用对于企业发展进步提供的便利是不言而喻的。

二、电气自动化控制技术系统的功能

电气自动化控制技术系统具有非常多的功能，基于电气控制技术的特点，电气自动化控制技术系统要实现对发电机——变压器组等电气系统断路器的有效控制，电气自动化控制技术系统必须具有以下基本功能：发电机——变压器组出口隔离开关及断路器的有效控制和操作；发电机——变压器组、励磁变压器、高变保护控制；发电机励磁系统励磁操作、灭磁操作、增减磁操作、稳定器投退、控制方式切换；开关自动、手动同期并网；高压电源监测和操作及切换装置的监视、启动、投退等；低压电源监视和操作及自动装置控制；高压变压器控制及操作；发电机组控制及操作；LPS、直流系统监视；等等。

电气自动化控制系统中的控制回路主要是确保主回路线路运行的安全性与稳定性。控制回路设备的功能主要包括：

（一）自动控制功能

就电气自动化控制系统而言，在设备出现问题的时候，需要通过开关及时切断电路从而有效避免安全事故的发生，因此，具备自动控制功能的电气操作设备是电气自动化控制系统的必要设备。

（二）监视功能

在电气自动化控制系统中，自变量电势是最重要的，其通过肉眼是无法看到的。机器设备断电与否，一般从外表是不能分辨出来的，这就必须借助传感器中的各项功能，对各项视听信号予以监控，从而实时监控整个系统的各种变化。

（三）保护功能

在运行过程中，电气设备经常会发生一些难以预料的故障问题，功率、电压以及电流等会超出线路及设备所许可的工作限度与范围，因此，这就要求具备一套可以对这些故障信号进行监测并且对线路与设备予以自动处理的保护设备，而电气自动化控制系统中的控制回路设备就具备这一功能。

（四）测量功能

视听信号只可以对系统中各设备的工作状态予以定性的表示，而电气设备的具体工作状况还需要通过专业设备对线路的各参数进行测量才能够得出。

电气自动化控制技术系统具有如此多的功能，给社会带来了许多的便利，电气控制技术自动化给人们带来了社会发展的稳定与进步和现代化生产效率的极大提高，因此，积极探讨与不断深入研究当前国家工业电气自动化的进一步发展和战略目标的长远规划有着十分深远的现实意义。

第四节　电气自动化控制设备可靠性测试与分析

一、加强电气自动化控制设备可靠性研究的重要意义

伴随着电气自动化的提高，控制设备的可靠性问题就变得非常突出。电气自动化程度是一个国家电子行业发展水平的重要标志，同时自动化技术又是经济运行必不可少的技术手段。电气自动化具有提高工作的可靠性、提高运行的经济性、保证电能质量、提高劳动生产率、改善劳动条件等作用。

电气自动化控制设备可靠性对企业的生产有着直接的影响。所以在实际使用过程中，作为专业技术人员，必须切实加强对其可靠性的研究，结合影响因素，采取针对性的措施，不断地强化其可靠性。

（一）可靠性可以增加市场份额

随着国家经济的高速发展，人们对于产品的要求也越来越高，用户不仅要求产品性能好，更重要的是要求产品的可靠性水平高。随着电气自动化控制设备自动化程度、复杂度越来越高，可靠性技术已成为企业在竞争中获取市场份额的有力工具。

（二）可靠性提高产品质量

产品质量就是使产品能够实现其价值、满足明示要求的技术和特点。只有可靠性高，发生故障的次数才会少，维修费用也就随之减少，相应的安全性也随之提高。因此，产品的可靠性是非常重要的，是产品质量的核心，是每个生产厂家倾其一生追求的目标。

二、提升电气自动化控制设备可靠性的必要性分析

由于电气自动化控制设备属于现代电气技术的结晶，其具有较强的专业性，所以为了确保其能更好地为生产提供服务，促进生产效率的提升，在实际工作中，作为电气专业技术人员，必须充分意识到提升其可靠性的必要性。具体来说，主要体现在以下几个方面：

（一）提升其可靠性能够使生产环节安全高效地开展

现代企业为了满足消费者的需要，在产品生产过程中往往采取电气自动化控制设备的应用，这主要是得益于其有助于生产效率的提升，提高产品的技术含量。因而只有提升其可靠性，才能确保其始终处于最佳的状态服务生产，从而确保企业的各项任务安全高效地开展。

（二）提升其可靠性能够使产品质量得到提升

产品质量就是生命，企业要想在竞争日益激烈的市场环境中占有一席之地，就必须在实际生产过程中注重产品质量的提升，而提升产品质量离不开现代科学技术的支持，尤其是电气自动化控制技术设备的支持，只有提高其可靠性，才能确保所生产的产品质量，从而在提高产品质量的同时促进企业核心竞争力的提升。

（三）提升其可靠性有助于有效地降低企业生产成本

企业经济效益的高低源自自身成本控制的好坏，而在企业生产中，如果电气自动化控制设备的可靠性不足，势必会带来维修成本的提升，因而只有加强对其的维护和保管，促进其可靠性的提升，才能更好地实现提高生产和降低成本的目标。

三、影响电气自动化控制设备可靠性的因素

既然提高电气自动化控制设备的可靠性具有十分强烈的必要性，那么为了更好地采取有效的措施促进其可靠性得到提升，就必须对影响电气自动化控制设备可靠性的因素有一个全面的认识，具体来说，主要有以下几点：

（一）内在因素

内在因素主要是指电气自动化控制设备本身的元件质量较为低下，因此难以在恶劣的气候下高效运行，同时也难以抗击电磁波的干扰。这主要是因为生产企业在生产过程中偷工减料，为了降低成本而降低其生产工艺质量，导致电气自动化控制设备元件自身的可靠性和质量下降，加上很多电气自动化控制设备需要在恶劣环境下运行，这就会导致其可靠性降低，而电磁波干扰又难以避免，所以会影响其正常的运行。

（二）外在因素

外在因素主要是指人为因素，在电气自动化控制设备使用和管理工作中，工作人员没有完全履行自身的职责，导致电气自动化控制设备长期处于高负荷的运行状态，电气自动化控制设备出现故障后难以得到及时修复，加上部分操作人员在实际操作中未能按照规范进行操作，导致其性能难以高效发挥。

四、可靠性测试的主要方法

确定一个最适当的电气自动化控制设备可靠性测试方法是非常重要的，是对电气自动化控制设备可靠性做出客观准确评价的前提条件。国家电控配电设备质量监督检验中心提供了对电气自动化控制设备进行可靠性测试的方法，在实践中比较常用的主要有以下三种：

（一）实验室测试法

此种测试方法是通过可靠性模拟进行测试，利用符合规定的可控工作条件及环境对设备运行现场使用条件进行模拟，以便实现以最接近设备运行现场所遇到的环境应力对设备进行检测，统计时间及失效总数等相关数据，从而得出被检测设备可靠性指标。用同样的规定的可以控制的工作条件和环境条件，模拟现场的使用条件，使被测设备在现场使用时与所遇到的环境相同，在这种情况下进行试验，并将累计的时间和失败次数等其他数据通

过数理统计得到可靠性指标，这是一种模拟可靠性试验。这种试验方法易于控制所得数据，并且得到的数据质量较高，试验结果可以再现、分析。但是受试验条件的限制很难与真实情况的数据相对应，同时试验费用很高，而这种试验一般都需要较多的试品，所以还要考虑到被试产品的生产批量与成本因素。因此这种试验方法比较适用于生产大批量的产品。

（二）现场测试法

这种方法是通过对设备在使用现场进行的可靠性测试记录各种可靠性数据，然后根据数理统计方法得出设备可靠性指标的一种方法。该方法的优点是试验需要的试验设备比较少，工作环境真实，其测试所得到的数据能够真实反映产品在实际使用情况下的可靠性、维护性等参数，且需要的直接费用少，受试设备可以正常工作使用。不利之处是不能在受控的条件下进行试验、外界影响因素繁杂，有很多不可控因素，试验条件的再现性比试验室的再现性差。

电气自动化控制设备可靠性现场测试法具体又包含三种类型：

一是可靠性在线测试，即在被测试设备正常运行过程当中进行测试；

二是停机测试，即在被测试设备停止运行时进行测试；

三是脱机测试，需要从设备运行现场将待检测部件取出，安装到专业检测设备当中进行可靠性测试。

单纯从测试技术方面分析，后两种测试方法相对简单，但如果系统较为复杂一般只有设备保持运行状态时才可以定位出现故障的准确位置，故只能选择在线测试。在实践中，进行现场测试时具体选择哪种类型的测试，要看故障的具体情况以及是否可以实现立即停机。

电气自动化控制设备可靠性现场测试法与实验室测试法相比较，不同之处主要体现在以下两点：第一，现场测试法安装及连接待测试设备的难度较大，主要原因在于，线路板已经被封闭在机箱当中，这就导致测试信号难以引进，即便是在设备外壳处预留了测试插座，也需要较长的测试信号线，在进行电气自动化控制设备可靠性现场测试时，无法使用以往的在线仿真器；第二，由于进行设备可靠性现场测试通常不具备实验室的测试设备和仪器，这就给现场测试手段及方法提出更高要求。

（三）现场测试法

所谓保证实验法，就是通常经常谈到的“烤机”，具体指的是在产品出厂前，在规定的条件下对产品所实施的无故障工作试验。通常情况下，作为研究对象的电气自动化控制设备都有着数量较多的元器件，其故障模式显示方式并非以某几类故障为主，而是具有一定的随机性，并且故障表现形式多样，所以，其故障服从于指数分布，换句话说，其失效率是随着时间的变化而变化的。产品在出厂之前在实验室所进行的烤机，从本质上讲，就是测试和检测产品早期失效情况，通过对产品进行不断的改进和完善，以确保所出厂的产品的失效率均已符合相关指标的要求。实施电气自动化可靠性保证实验所花费的时间较长，因此，如果产品是大批量生产，这种可靠性检测方法只能应用于产品的样本，如果产品的生产量不大，则可以将此种保证实验测试法应用在所有产品上。电气自动化设备可靠性保证实验主要适用范围是电路相对复杂、对可靠性要求较高并且数量不大的电气自动化控制设备。

五、电气自动化控制设备可靠性测试方法的确定

确定电气自动化控制设备可靠性测试方法，需要对实验场所、实验环境、待测验产品以及具体的实验程序等因素进行全面的考察和分析。

（一）实验场地的确定

电气自动化设备可靠性测试实验场地的选择，需要结合设备可靠性测试的具体目标来进行。如果待测试的电气自动化控制设备的可靠性高于某一特定指标，就需要选取最为严酷的实验场所进行可靠性测试；如果只是测试电气自动化控制设备在正常使用状况下的可靠性，就需要选取最具代表性的工作环境作为开展测试实验的场所；如果进行测试的目的只是获取准确的可比性数据资料，在进行实验场所选择时需要重点考虑与设备实际运行相同或相近的场所。

（二）实验环境的选取

因为对于电气自动化控制设备而言，不同的产品类型所对应的工况也有所不同，所以，在进行电气自动化控制设备可靠性测试时，选取非恶劣实验环境，这样被测试的电气自动化控制设备将处于一般性应力之下，由此所得到的设备自控可靠性结果更加客观和准确。

（三）实验产品的选择

在选择电气自动化控制设备可靠性测试实验产品时，要注意挑选比较具有代表性、具有典型特点的产品。所涉及的产品的种类比较多，例如造纸、化工、矿井以及纺织等方面的机械电控设备等。从实验产品规模上分析，主要包括大型设备以及中小型设备；从实验设备的工作运行状况来分析，主要可以分为连续运行设备以及间断运行设备。

（四）实验程序

开展电气自动化控制设备可靠性实验需要由专业的现场实验技术人员严格按照统一实验程序操作，主要涉及测试实验开始及结束时间、确定适当的时间间隔、收集实验数据、记录并确定自控设备可靠性相关指标、相应的保障措施以及出现意外状况的应对措施等方面的规范。只有严格依据规范进行自控设备可靠性实验操作，才可以确保通过实验获取的相关数据的可靠性及准确性。

（五）实验组织工作

开展电气自动化控制设备可靠性测试实验最为重要的内容就是实验组织工作，必须组建一个高效、合理且严谨的实验组织机构，主要负责确定实施自控设备可靠性实验的主要参与人员，协调相关工作、对实验场所进行管理，组织相关实验活动，收集并整理实验数据，分析实验结果，对实验所得到的数据进行全面深入分析，并在此基础上得出实验结论。除此之外，实验组织机构还需要负责组织协调实验现场工程师、设备制造工程师以及可靠性设计工程师相互之间的关系与工作。

六、提高控制设备可靠性的对策

要提高电气自动化控制设备的可靠性，必须掌握控制设备的特殊性能，并采用相应的可靠性设计方法，从元器件的正确选择与使用、散热防护、气候防护等方面入手，使系统可靠性指标大大提高。

（一）零部件、元器件的品种和规格应尽可能少

从生产角度来说，设备中的零部件、元器件，其品种和规格应尽可能少，应该尽量使用由专业厂家生产的通用零部件或产品。在满足产品性能指标的前提下，其精度等级应尽可能低，装配也应简易化，尽量不搞选配和修配，力求减少装配工人的体力消耗，便于厂家自动进行流水生产。

（二）电子元器件的选用规则

根据电路性能的要求和工作环境的条件选用合适的元器件。元器件的技术条件、性能参数、质量等级等均应满足设备工作和环境的要求，并留有足够的余量；对关键元器件要进行用户对生产方的质量认定；仔细分析比较同类元器件在品种、规格、型号和制造厂商之间的差异，择优选择。要注意统计在使用过程中元器件所表现出来的性能与可靠性方面

的数据，作为以后选用的依据。

（三）电子设备的气候防护

潮湿、盐雾、霉菌以及气压、污染气体对电子设备影响很大，其中潮湿的影响是最主要的。特别是在低温高湿条件下，空气湿度达到饱和时会使机内元器件、印制电路板出现上色和凝露现象，使电性能下降，故障上升。

（四）在控制设备设计阶段

首先，研究产品与零部件技术条件，分析产品设计参数，研讨和保证产品性能和使用条件，正确制订设计方案；其次，根据产量设定产品结构形式和产品类型。全面构思，周密设计产品的结构，使产品具有良好的操作维修性能和使用性能，以降低设备的维修费用和使用费用。

（五）控制设备的散热防护

温度是影响电子设备可靠性最广泛的一个因素。电子设备工作时，其功率损失一般都以热能形式散发出来，尤其是一些耗散功率较大的元器件，如电子管、变压管、大功率晶体管、大功率电阻等。另外，当环境温度较高时，设备工作时产生的热能难以散发出去，将使设备温度升高。

综上所述，保证电气设备的可靠性是一个复杂的涉及广泛知识领域的系统工程。只有在设计上给予充分的重视，采取各种技术措施，同时，在使用过程中按照流程操作、及时保养，才会有满意的成果。

第三章　电气自动化控制系统中常见的电气控制电路

第一节　控制电路基础

电气控制电路可按不同方法进行分类。如按电路的工作原理分为基本控制电路和典型设备控制电路，按控制功能分为主电路和控制电路，按控制规律分为连锁控制电路和变化参量控制电路等。此外，尚可按照逻辑关系、组成结构等方法进行分类。

一、按控制功能分类

电气控制电路是用导线将电动机、电器和仪表等电气元件连接起来，并实现电动机的某种控制要求的电气系统。不同的生产机械，对电动机的启动、正反转、制动、保护、自锁及互锁等方面有不同要求，为了实现这些要求，用各种电器组成的电气控制系统各部分的功能就不同。为了方便地分析电气控制系统的组成特点和工作原理，一般可按控制功能将其分为主电路和控制电路两部分。

（一）主电路

主电路是从电源向用电设备供电的路径，一般由组合开关、主熔断器、接触器的主触点、热继电器的热元件及电动机等组成，结构比较简单，电气元件数量较少，但主电路通过的电流较大。

（二）辅助电路

辅助电路一般包括控制电路、信号电路、照明电路及保护电路等。辅助电路由继电器和接触器的线圈、继电器的触点、接触器的辅助触点、主令电器的触点、信号灯和照明灯等电器元件组成。控制电路比主电路要复杂些，电气元件较多，常由多个基控制电路组成。控制电路通过的电流都较小，一般不超过 5 A。

二、按控制规律分类

连锁控制的规律和控制过程中变化参量控制的规律是组成电器控制电路的基本规律。据此电气控制电路也可按控制规律分为连锁控制电路和变化参量控制电路。

（一）连锁控制电路

凡是生产线上某些环节或一台设备的某些部件之间具有互相制约或互相配合的控制，均称为连锁控制，实现连锁控制的基本方法是采用反映某一运动的连锁触点控制另一运动的相应电气元件，从而达到连锁工作的要求。连锁控制的关键是正确选择连锁触点。一般而言，选择连锁触点遵循的原则为：要求甲接触器动作时，乙接触器不能动作，则需将甲接触器的常闭辅助触点串在乙接触器的线圈电路中；要求甲接触器动作后乙接触器方能动作，则需将甲接触器的常开辅助触头串在乙接触器的线圈电路中；要求乙接触器线圈先断电释放后方能使甲接触器线圈断电释放，则要将乙接触器常开辅助触点并联在甲接触器的线圈电路中的停止按钮上。常见的连锁控制电路有启动停止控制（自锁）电路、正反转控制电路、顺序控制电路等。

（二）变化参量控制电路

任何一个生产过程的进行，总伴随着一系列的参数变化，如机械位移、温度、流量、压力、电流、电压和转矩等。原则上说，只要能检测出这些物理量，便可用它来对生产过程进行自动控制。对电气控制来说，只要选定某些能反映生产过程中的参数变化的电气元件，例如，各种继电器和行程开关等，由它们来控制接触器或其他执行元件，实现电路的转换或机械动作，就能对生产过程进行控制，此即按控制过程中变化参量进行控制。常见的有按时间变化、转速变化、电流变化和位置变化参量进行控制的电路，分别称为时间、速度、电流和行程原则的自动控制。这些控制电路一般要使用具有相应功能的电气元件才能实现，如按时间变化进行控制一般要使用时间继电器，按电流变化进行控制要使用电流继电器等。

第二节　对电动机的各种控制电路分析

一、三相笼型异步电动机的启动控制电路

电动机启动是指电动机的转子由静止状态变为正常运转状态的过程。笼型异步电动机

有两种启动方式，即直接启动（或全压启动）和降压启动。直接启动是一种简单、可靠、经济的启动方法，在小型（容量一般在 10 kW 以下）电动机中广泛使用。电动机直接启动时，启动电流为额定电流的 4~7 倍，过大的启动电流一方面将会造成电网电压显著下降，影响在同一电路上的其他用电设备的正常运行，另一方面电动机频繁启动会严重发热，加速线圈老化，缩短电动机的寿命。因而对容量较大的电动机，采用降压启动，以减小启动电流。电动机是否能直接启动，通常要根据启动次数、电动机容量、启动电流、变压器容量以及生产设备的机械特性等因素来确定，也可用下面试验公式确定。

$$\frac{I_Q}{I_N}=\frac{3}{4}+\frac{P_H}{4P_N} \qquad \text{（式 3-1）}$$

式中：I_Q 为电动机启动电流，A；I_N 为电动机额定电流，A；P_H 为电源变压器容量，Kv · A；P_N 为电动机容量，kW。

（一）笼型异步电动机直接启动控制

1. 采用刀开关直接启动控制

用闸刀开关、转换开关或铁壳开关控制电动机的启动和停止，是简单和经济的手动控制方法。刀开关的控制容量有限，仅适用于不频繁启动的小容量（通常 $P_N \leqslant 5.5$kW）电动机，且不能实现远距离的自动控制，刀开关直接启动控制电路中 M 为被控三相异步电动机，QS 是开关，FU 是熔断器。直接启动电动机的控制过程为：合上开关 QS，电动机通电并旋转；断开 QS，电动机断电并停转。开关是电动机的控制电器，熔断器是电动机的保护电器。冷却泵、小型台钻、砂轮机等的电动机一般采用这种启动控制方式。

2. 采用接触器直接启动控制

接触器控制电动机单向旋转的主电路由刀开关、熔断器、接触器的动合主触点、热继电器的发热元件和电动机组成。控制电路由熔断器、热继电器的动断触点、停止按钮、启动按钮、接触器的线圈及其动合辅助触点组成。接触器直接启动控制电路的工作原理如下。

（1）启动控制

合上电源开关 QS，按下启动按钮 SB2，接触器 KM 线圈通电吸合，主触点闭合，电动机 M 得电启动；同时接触器动合辅助触点闭合，使 KM 线圈绕过 SB2 触点经 KM 自身动合辅助触点通电。当松开 SB2 时，KM 线圈仍通过自身动合辅助触点继续保持通电，从而使电动机连续运转。这种依靠接触器自身辅助触点保持线圈通电的电路，称为自保电路，而与 SB2 并联的接触器 KM 的动合辅助触点称为自保触点（或自锁触点）。

（2）停止控制

按下停止按钮 SB1→接触器 KM 线圈断电释放→KM 动合主触点及动合辅助触点均断

开→电动机 M 失电停转。当松开 SB1 时，由于 KM 自锁触点已断开，故接触器线圈不可能通电，电动机继续断电停机。

（3）短路保护

由熔断器 FU 实现主电路、控制电路的短路保护。短路时，FU 的熔体熔断，切断电路。熔断器可作为电路的短路保护，但达不到过载保护的目的。

（4）过载保护

由热继电器 BTE 实现。由于热继电器的热惯性比较大，即使热元件流过的电流几倍于电动机额定电流，热继电器也不会立即动作。因此，在电动机启动时间不太长的情况下，热继电器是经得起电动机启动电流冲击而不动作的。只有在电动机长时间过载情况下，串联在主电路中的热继电器 BTE 的三相热元件使双金属片受热产生变形，进而使串联在控制电路中的热继电器 BTE 的动断触点断开，控制电路失电断开，接触器 KM 线圈失电，其主触点释放，切断主电路，使电动机断电停转，实现对电动机的过载保护。

（5）欠压保护

电动机正常运行时，当电源电压下降，电动机的电流就会上升，电压下降越严重，电流上升得就越高，这样就会烧坏电动机。在具有自锁功能的控制电路中，当电动机运转时，若电源电压降低（一般在工作电压的 85%以下）时，接触器的磁通则变得很弱，电磁吸力不足，衔铁在复位弹簧的作用下释放，自锁触点断开，失去自锁，同时主触点也断开，电动机断电并得到保护。

（6）失压保护

电动机运行时，遇到电源临时停电，在恢复供电时，如果未加防范措施，电动机就会自行启动，很容易造成设备及人身事故。采用了自锁控制电路后，由于自锁触点和主触点在停电时已一起断开，这样控制电路和主电路都不会自行接通。在恢复供电时，如果没有按下启动按钮 SB2，电动机就不会自行启动。这种在突然断电时能自动切断电动机电源的保护为失压（或零压）保护，可避免多台电动机同时启动造成电网电压的严重下降。

此种电路不仅能实现电动机频繁启动控制，而且可实现远距离的自动控制，故是最常用的简单控制电路。

（二）降压启动控制电路

降压启动是指在电源电压不变的情况下，启动电动机时通过某种方法（改变连接方式或增加启动设备），降低加在电动机定子绕组上的电压，待电动机转速接近额定转速后，再将电压恢复到额定值。由于电动机的启动电流与电压成正比，所以降低启动电压可以减小启动电流，也就减小了对电网的影响。但电动机的转矩与电压的平方成正比，将使电动机的启动转矩也大为降低，因而降压启动只适用于对启动转矩要求不高或空载、轻载下启动的设备。一般情况下，当电动机功率大于 7.5 kW 时，应考虑对电动机采取降压启动控制，以减小电动机的启动电流，保证电网的正常供电。常用的降压启动方式有定子串电阻（或电抗）降压启动、星形-三角形（Y-△）降压启动、自耦变压器降压启动和延边三角形降压启动等。

1. 定子串电阻（或电抗）降压启动控制电路

在定子绕组串接电阻降压启动控制电路中，电动机启动时在定子绕组中串接电阻，使定子绕组电压降低，从而限制了启动电流。待电动机转速接近额定转速时，再将串接电阻短接，电动机即可在额定电压下运行。该电路是根据启动过程中时间的变化，利用时间继电器延时动作来控制各电气元件的先后顺序动作，时间继电器的延时时间按启动过程所需时间整定。

串电阻降压启动的启动电阻一般采用由电阻丝绕制的板式电阻或铸铁电阻，电阻功率大、通流能力强，为减少启动过程中能量损耗，往往将电阻改成电抗器。此种启动方法不受定子绕组接线形式的限制，设备简单，启动过程平滑，但也有启动过程中能量损耗较大的缺点，故适用于启动要求平稳、电动机轻载或空载及启动不频繁的场合。

2. 星-三角（Y-△降压启动控制电路）

Y-△降压启动控制电路是在电动机启动时将定子绕组接成星形（Y），每相绕组承受的电压为电源的相电压（220 V），随着电动机转速的升高，到启动结束后再将定子绕组换接成三角形（△）接法，每相绕组承受的电压为电源线电压（380 V），此时电动机进入额定电压下正常运行：笼型异步电动机采用 Y-△降压启动时，由于加在每相绕组上的启动电压只有三角形接法的 $1/\sqrt{3}$，启动电流为三角形接法的 1/3，启动转矩也只有三角形接法的 1/3。与其他降压启动方法相比，Y-△降压启动投资少，电路简单，凡是正常运行时定子绕组接成三角形的鼠笼式异步电动机，均可采用这种降压启动方法。但因启动转矩特性较差，故只适用于轻载或空载启动的场合。

3. 自耦补偿降压启动控制电路

自耦补偿降压启动是利用自耦变压器 TM 来进行降压的。在自耦变压器降压启动控制电路中，电动机启动电流的限制是依靠自耦变压器的降压作用来实现的。自耦变压器按星形接线，电动机启动时，将电源电压加到自耦变压器一次侧，电动机定子绕组接到自耦变压器二次侧，构成降压启动电路。启动一定时间，当电动机转速升高到预定值后，将自耦变压器切除，电源电压通过接触器直接加于定子绕组，电动机进入全压运行。

自耦补偿降压启动控制电路的优点是启动转矩和启动电流可以调节，缺点是设备庞大，成本较高。因此，这种方法适用于额定电压 220 V/380 V，接法为 Y-△形、容量较大的三相交流鼠笼型异步电动机的不频繁启动。常用的自耦补偿启动装置分为手动和自动两种操作形式。在实际应用中，自耦变压器二次侧有三个抽头，使用时应根据负载情况及供电系统要求选择一个合适抽头。

4. 延边三角形降压启动控制电路

延边三角形降压启动的方法是在每相定子绕组中引出一个抽头，电动机启动时将一部分定子绕组接成△形，另一部分定子绕组接成Y形，使整个绕组接成延边三角形。经过一段时间，电动机启动结束后，再将定子绕组接成三角形全压运行。电动机定子绕组是延边三角形接线时，每相定子绕组所承受的电压大于Y形接法时的相电压，而小于△形接法时的线电压。这样，在不增加其他启动设备的前提下，既起到降压限流的作用，又不致使电动机启动转矩太低。并且电动机每相绕组电压的大小可随电动机绕组抽头位置的改变而调节，从而克服了Y-△降压启动时启动电压偏低、启动转矩偏小的缺点。但延边三角形降压启动方法仅适用于定子绕组有抽头的特殊三相交流异步电动机。

二、三相笼型异步电动机制动控制电路

电源切断后，三相异步电动机因惯性会经过一段时间才能完全停转，这将影响劳动生产率。为了实现快速、准确和安全停车，就必须采取制动措施。常用的制动方法有机械制动和电气制动。机械制动有电磁抱闸制动、电磁离合器制动等；电气制动有反接制动、能耗制动和发电回馈制动等。

（一）机械制动控制电路

1. 电磁抱闸制动

电磁抱闸制动是靠闸瓦抱紧与电动机同轴的制动轮来实现的，电磁抱闸制动方式的制动力矩大，制动迅速，停车准确，缺点是制动越快冲击振动越大。电磁抱闸制动有断电电磁抱闸制动和通电电磁抱闸制动。

（1）断电电磁抱闸制动控制电路

断电电磁抱闸制动在电磁铁线圈一旦断电或未通电时电动机都处于抱闸制动状态，例如，电梯、吊车和卷扬机等设备。

（2）通电电磁抱闸制动控制电路

通电电磁抱闸制动则是在平时制动闸总是在松开的状态，通电后才能抱闸。例如，机床等需要经常调整加工件位置的设备往往采用这种方法。

2. 电磁离合器制动

电磁离合器制动是采用电磁离合器实现制动的，其体积小，传动转矩大，制动方式比

较平稳且迅速，并且可以安装在机床等的机械设备内部。机械摩擦制动的电磁离合器主要由制动电磁机构（动铁芯、静铁芯和激磁线圈）和动、静摩擦片等组成。电磁机构静铁芯固定，动铁芯与静摩擦片相连，动摩擦片与传动轴通过键或法兰连接。

（二）电气制动控制电路

1. 反接制动控制电路工作原理

反接制动就是当电动机停车时，通过改变电动机电源相序使电动机制动。由于电源相序改变，定子绕组产生的旋转磁场方向也与原方向相反，而转子因惯性仍按原方向旋转，于是在转子电路中产生相反的感应电流。转子受到一个与原转动方向相反的力矩的作用，从而使电动机转速迅速下降，实现制动。反接制动控制电路主要由速度继电器 BS 来实现。一般的速度继电器有两对动合触点和两对动断触点，可分别用于正、反向运行的反接制动。当电动机启动运行后，转速达到 120 r/min 时，动合触点闭合，动断触点断开。停车时，当电动机转速小于 100 r/min 时，动合、动断触点复位。反接制动控制电路有单向反接制动控制电路和双向反接制动控制电路。由于反接制动比较简单，效果较好，但能量消耗较大，因此中型车床和铣床主轴的制动常采用此方法。

2. 能耗制动控制电路

能耗制动是一种应用广泛的电气制动方法。当电动机脱离三相交流电源以后，立即将直流电源接入定子的两相绕组，使绕组中流过直流电流，产生了一个恒定的静止直流磁场。而此时电动机的转子切割直流磁场，在转子绕组中产生感应电流，在静止磁场和感应电流相互作用下，产生一个阻碍转子转动的制动力矩，因此电动机转速迅速下降，从而达到制动的目的。当电动机转速降至零时，转子导体与磁场之间无相对运动，感应电流消失，电动机停转，再将直流电源切除，制动结束。

能耗制动时产生的制动力矩的大小与接入定子绕组中的直流电流大小、电动机的转速及转子电路中的电阻有关。电流越大，产生的静止磁场就越强，而转速越高，转子切割磁力线的速度就越大，产生的制动力矩就越大。但对鼠笼型异步电动机，增大制动力矩只能通过增大接入定子绕组中的直流电流来实现，但接入的直流电流又不能太大，否则会烧坏定子绕组。一般直流电流的大小为电动机额定电流的 0.5~1 倍。在机床上常用的有变压器全波整流单向运行能耗制动电路。

能耗制动是把电动机转子运行所储存的动能转变为电能，且又消耗在电机转子的制动上，与反接制动相比，能量损耗少，制动停车准确。所以，能耗制动适用于电动机容量大，要求制动平稳和启动频繁的场合。但制动速度较反接制动慢一些，另外能耗制动需整流电路。

三、双速异步电动机高低速控制电路

机床在加工工件的过程中，常常需要对机床进行变速，一般普通的机床采用机械变速箱取得相应的转速。但是，对于调速要求高的机床，需要采用多速电动机拖动，以增加它的调速范围。

多速电动机是采用改变电动机定子绕组极数的方法来改变电动机的同步转速，这种调速方法称为变极调速，一般只适用于鼠笼式异步电动机。鼠笼式异步电动机常用的变极调速方法有两种：一种是改变定子绕组的接线，即改变定子绕组每相的电流方向；另一种是在定子绕组上设置具有不同极对数的两套互相独立的绕组，又使每套绕组具有改变电流方向的能力。变极调速是有级调速，速度变换是阶跃式的。用变极调速方式构成的多速电动机一般有双速、三速、四速之分。这种调速方法简单、可靠、成本低，因此在有级调速能够满足要求的机械设备中，广泛采用多速电动机作为主拖动电动机，如镗床、铣床等。

第三节　对机床液压系统的电气控制电路分析

液压传动系统容易获得很大的转矩，其传动平稳，控制方便，易于实现自动化。液压传动系统和电气控制系统相结合的电液控制系统在组合机床、自动化机床、生产自动线、数控机床等生产设备上应用广泛。液压传动系统一般由四部分组成。

动力装置：一般指液压泵，它将电动机输出的机械能转换为油液的压力能，供给液压系统压力油液，从而推动液压系统工作。

执行机构：指液压缸或液压马达。液压缸用于直线运动，油液马达用于旋转运动，它们把油液的压力能转换为机械能，从而带动工作部件运动。

控制阀：指换向阀、节流阀、溢流阀等。它们都起控制调节作用，实现对油液的压力和流量的调节，满足传动系统中不同性能要求。

辅助装置：指油箱、滤油器、压力表、油管和管接头等元件。

一、机床中常用的液压元件

（一）液压泵和液压马达

液压泵是一种能量转换装置，它把电动机的机械能转换为油液的液压能，供给液压系统。机床液压系统中使用的液压泵均为容积泵。液压泵的作用是把机械能转换成油液的压力能，是液压系统的动力装置，一般由电动机驱动。液压马达的作用是把油液的压力能转换成机械能，就液压系统而言，液压马达是一个执行元件。容积式液压泵和液压马达在原理上是互逆的，大部分的液压泵可作为液压马达使用，反之亦然。但在结构细节上两者有一定差异。

（二）液压阀

液压阀是用来控制或调节液压系统中油液的方向、压力和流量，以满足机床工作性能要求的控制装置。液压阀的类型很多，根据其控制作用可分为方向控制阀、压力控制阀和流量控制阀，此外还有所谓的组合阀，它实际上是将某些阀组合起来制成的结构紧凑的独立单元，一般按它所完成的功用来命名，如电磁换向阀、单向行程调速阀等。

方向控制阀是用来控制液压系统中油液流动方向的阀，主要有普通单向阀、换向阀等，用于改变执行机构运动的方向。

压力控制阀是用来控制液压系统中压力的阀，主要有溢流阀、安全阀、顺序阀、减压阀和背压阀等，用于改变执行机构的力或转矩。

流量控制阀是用来控制液压系统中油液流量的阀，主要有节流阀、调速阀等，用于改变执行机构的运动速度。

普通单向阀的作用是使油液只能沿一个方向流动，而不允许反方向流动。

换向阀种类很多，常用的主要是滑阀。滑阀式换向阀的结构主体是阀体和阀芯，阀体上开了许多通口，阀芯通过移动可以停止在不同的工作位置上，从而接通或关断相应油路。根据阀体上的开口数目和阀芯移动位置的数量，分为二位二通、二位三通、二位四通、三位四通、三位五通阀等。三位四通电磁换向阀由复位弹簧、阀芯、推杆构成。当电磁铁断电时，两边的弹簧使阀芯处于中间位置。当右边电磁铁通电时，阀芯通过推杆将阀芯推向左端，这时进油口和油口相通，油口和回油口相通。当左边电磁铁通电时，阀芯被推向右端，这时油口和进油口、油口与回油口分别相通，实现油路的换向，由于受到电磁力较小的限制，电磁换向阀的流量一般在 63 L/min 以下；流量大时，一般采用液动控制或电液控制。液动换向阀是靠压力油液改变阀芯位置的，电液动换向阀是由电磁换向阀和液动阀组合而成。

压力控制阀是利用阀芯上液压作用力和弹簧力保持平衡来进行工作的，平衡状态的任何破坏都会使阀芯位置产生变化，其结果不是改变阀口的开度大小（如溢流阀、减压阀），就是改变阀口的状态（如安全阀、顺序阀）。溢流阀是液压系统中最常见的元件，主要功能是保持系统压力基本恒定，防止系统过载，造成背压，使系统卸荷等。溢流阀有直动式和先导式两种，直动式用于低压液压系统，先导式用于高压液压系统。

直动式溢流阀的结构由阀体、阀芯、上盖、弹簧和螺帽等零部件组成，油口分别为溢流阀的进油口和回油口。当压力油液从油口经油腔、径向孔、阻尼孔进入油腔，阀芯的底面受到油液的压力作用。由于阀芯顶上作用有弹簧力，因此阀芯的工作位置由这两个力的大小来决定。当油口处压力不足以使作用在阀芯底面上的力超过弹簧力时，阀芯处于最低位置，油口不相通，回油口无油液流出，当油口处压力升高，作用在阀芯底面上的力超过弹簧力时，阀芯上升，阀口处于某一开度，油腔相通，油液从回油口排出。这时压力油液作用在阀芯上的力就与此开度下作用在阀芯上的弹簧力保持平衡，油口处压力也基本稳定在某一数值上，此即直动式溢流阀控制压力的原理。转动调整螺帽可以调整弹簧的作用力大小，从而调整了油口的油液压力。

顺序阀是利用液压系统压力的变化来控制各执行元件动作的先后顺序。顺序阀的结构和工作原理与溢液阀完全相同，唯一的差异在于顺序阀出口处不接通油箱，而接通某个执行元件。因此必须使油腔不通过孔道与回油口相通，而是经孔道直接流回油箱。顺序阀也有直动式与先导式之分，直动式用于中、低压系统，先导式用于高压系统。

流量控制阀是靠改变阀口通流截面积大小或通流通道的长短来控制通过阀口油液流量，以实现调节执行元件（油缸或液压马达）的运动速度的。常用的流量控制阀有普通节流阀、各种类型的调速阀以及由它们组合而成的组合阀等。

普通节流阀的结构，它的节流口是轴向三角槽式。油只从进油口流入，经孔道和阀芯左端三角槽式节流口进入孔道，再从出油口流出。阀芯在弹簧的作用下始终贴紧在推杆上。

普通调速阀的结构是一个由减压阀和节流阀串联而成的组合阀。在高压油液压力下，从右侧进油口流入，经减压阀的缝隙进入油腔，将压力减小，再经节流阀上的节流缝隙进入油腔，将压力再次减小，最后从出油口流出去。油腔通过孔道和阻尼孔与油腔相连，出油口通过孔道与油腔相连，因此阀芯是在弹簧力、液压作用力、上下端油液压力的作用下处在某个平衡位置上。无论是出口处压力变化，还是进口处压力变化，减压阀阀芯都会因其上、下端油液压力的变化而自动调整位置，从而维持压力差基本上恒定。

（三）压力继电器

压力继电器以液压系统的压力变化作为输入信号使继电器动作。压力继电器一般用在液压、气压和水压系统中的保护。

压力继电器主要由微动开关、调节螺母、压缩弹簧、顶杆、橡皮薄膜和缓冲器等组成。压力继电器装在油路（水路或气路）的分支路中，当压力超过整定值时，通过缓冲器、橡皮薄膜抬起顶杆，使微动开关动作；若管路中压力等于或低于整定值，顶杆脱离微动开关使触点复位。压力继电器调节方便，只须放松或拧紧调整螺母即可改变控制压力。

压力继电器的文字符号为 BPS。

二、液压动力部件控制电路

组合机床上最主要的通用部件是动力头和动力滑台，它们是完成刀具切削运动和进给运动的部件。通常将能同时完成切削运动和进给运动的动力部件称之为动力头，而将只能完成进给运动的动力部件称之为动力滑台。动力滑台按结构分为机械动力滑台和液压动力滑台。机械动力滑台和液压动力滑台都是完成进给运动的动力部件，两者区别仅在于进给的驱动方式不同。动力滑台与动力头相比较，前者配置成组合机床更为灵活。在动力头上只安装多轴箱，而滑台还可安装各种切削头，组成卧式、立式组合机床及其自动线，以完成钻、扩、铰、镗、刮端面、倒角、铣削和攻螺纹等加工工序，安装分级进给装置后，也可用来钻深孔。

（一）动力滑台的液压系统与工作循环

动力滑台的常见工作循环如下：

1. 一次工作进给

快进→工进→（延时停留）→快退，可用于钻孔、扩孔、镗孔和加工盲孔、刮端面等。

2. 二次工作进给

快进→一次工进→二次工进→延时停留→快退，可用于镗孔完后又要车削或刮端面等。

3. 跳跃进给

快进→一次工进→快进→二次工进→延时停留→快退，可采用跳跃进给自动工作循环，例如，镗削两层壁上的同心孔。

4. 双向工作进给

快进→正向工进→反向工进→快退，可用于正向工进粗加工，反向工进精加工。

5. 分级进给

快进→工进→快退，快进→工进→快退→快进→工进→快退，主要用于钻深孔。

（二）液压动力滑台控制电路

液压动力滑台与机械滑台的区别在于，液压动力滑台进给运动的动力是压力油，而机械滑台的动力来自电动机。液压动力滑台由滑台、滑座、油缸及挡铁等部分组成，由油缸拖动滑台在滑座上移动。液压滑台具有典型的自动工作循环，它通过电气控制电路控制液压系统来实现。液压滑台的工进速度由调速阀来调节，可实现无级调速。电气控制电路一般采用行程、时间原则及压力控制方式。

具有一次工作进给的液压动力滑台的工作过程如下所述：

1. 滑台原位停止

因滑台由油缸驱动，当电磁铁均为断电状态时，油缸内压力油不流动，滑台原位停止，并压下行程开关，使其动合触点闭合，动断触点断开。

2. 滑台快进

按下按钮，继电器通电并自锁，电磁铁通电，使电液动换向阀（三位五通）处于左位，压力油使液动换向阀也处于左位，压力油经电液换向阀及行程阀流入滑台油缸左腔，使缸体左移，油缸右腔排出的油经电液换向阀及单向阀也进入油缸左腔，使滑台实现快进。此时，动合触点断开，动断触点闭合。

3. 滑台工进

当挡铁压下行程阀时，压力油经调速阀进入液压缸左腔，此时流入油缸左腔的油液较少，滑台由快进转为工进，多余的压力油经背压阀流回油箱。通过调节调速阀的流量可调节滑台的工进速度。

4. 死挡铁停留

当液压滑台工进到被死挡铁挡住的位置时，液压缸左腔油压开始升高。油压升高到压力继电器 BPS 的动作值时，所经过的时间就是滑台的延时停留时间。

5. 滑台快退

当压力继电器 BPS 动作时，BPS 的动合触点闭合，电磁铁和继电器线圈通电，电磁铁和继电器断电，并由触点实现自锁，使电液换向阀处于右位，油缸右腔进油，滑台快速向后退回，退回原位后压下，其动断触点断开，断电。电液换向阀回到中间位置，液压滑台原位停止。当滑台不在原位时，若需要快退，可按下按钮 SB2，此时，滑台快退。退至原位时，压下 SQ1，滑台停在原位。

如果要求停留的时间可调，则用行程开关和时间继电器取代压力继电器即可。若滑台工进到终点后，不需要延时停留，即工作循环改为快进→工进→快退，在死挡铁处加装行程开关，去掉 BPS 即可。

第四节 其他常用基本控制电路分析

一、点动控制

在实际工作中，经常要求控制电路既能长动控制又能点动控制。所谓长动，即电动机连续不断地工作。所谓点动，即按按钮时电动机转动工作，放开按钮时，电动机停止工作。点动常用于生产设备的调整，如机床的刀架、横梁、立柱的快移，机床的调整对刀等。

二、连锁与互锁

（一）连锁

在机械设备中，为了保证操作正确、安全可靠，有时需要按一定的顺序对多台电动机进行启停操作。例如，铣床上要求的主轴旋转后，工作台方可移动；某些机床主轴必须在液压泵启动后才能启动等。像这种要求一台电动机启动后另一台才能启动的控制方式，称为电动机的连锁控制（或顺序控制）。

（二）互锁

互锁实际上是一种连锁关系，之所以这样称呼，是为了强调触点之间的互锁作用。例如，常常有这种要求，两台电动机只能有一台工作，不允许同时工作。

在操作比较复杂的机床中，常用操作手柄和行程开关形成连锁。如 X62W 铣床进给运动的连锁关系，铣床工作台可做纵向（左右）、横向（前后）和垂直（上下）方向的进给运动。由纵向进给手柄操作纵向运动，横向与垂直方向的运动由另一进给手柄操纵。

铣床工作时，工作台各方向的进给是不允许同时进行的，因此各方向的进给运动必须互相连锁。实际上，操纵进给的两个手柄都只能扳向一种操作位置，即接通一种进给，因此只要使两个操作手柄不能同时起到操作的作用，就达到了连锁的目的。通常采取的电气连锁方案是当两个手柄同时扳动时，就立即切断进给电路，可避免事故。

三、多点控制

在大型机床设备中，为了操作方便，常要求能在多个地方进行控制。例如，把启动按钮并联连接，停止按钮串联连接，分别安置在三个地方，就可三地操作。

在大型机床上，为了保证操作安全，要求几个操作者都发出主令信号（按启动按钮），设备才能工作，常采用按钮串联的控制电路。

第四章　电气自动化技术与PLC技术

第一节　PLC概述

可编程控制器（简称PLC）是一种数字运算操作的电子系统，它由美国科学家于20世纪60年代后期首创，专门应用在工业环境下。国际电工委员会（EC）于1987年颁布的可编程控制器国际标准第三稿的内容中对PLC做出以下定义："可编程控制器是专门为工业环境应用而设计出来的一种数字运算操作的电子系统。"PLC采用了可以进行编程的存储器，在此设备内部进行存储并执行一系列操作命令，这些操作命令包括顺序控制、逻辑运算、计数、算术运算和定时等。PLC还可以通过数字模拟的输出和输入，进行各类机械或生产过程的调控。

PLC目前被广泛应用于电气自动化技术中，是目前电气自动化技术中比较重要的支撑理论。

一、PLC的产生与发展

随着社会的进步，传统的继电器控制系统已经无法满足时代发展的需要，必须研制出一种新的控制装置取代它。如今的社会需要生产厂家根据市场的需求做出灵活的应对措施，而且商品制作要呈现多品种、小批量、低成本、多规格、高品质的特征。在这种背景下，PLC应运而生。

1968年，美国通用汽车公司为达到快速更替汽车款式的目的，试图将继电器控制系统的操作便利、简单易懂、价格便宜等优点与计算机系统的灵活性、通用性及强大的功能等优势结合在一起，制作出一种通用的控制设备，以减少重复设计控制系统和接线、缩短生产时间、降低生产成本。该设备可以简化计算机编程方式和程序输入方法，使用"自然语言"编程，即使不懂计算机的人也能够很快学会并使用这种设备。

1969年，美国数字设备公司根据美国通用汽车公司的要求成功研制出世界上第一台PLC。随后，此项新科技很快在汽车领域推广开来。因为PLC有很多的特点，如操作方便、简单易懂、通用灵活、可靠性高、使用寿命长、体积小等，所以很快就在美国其他的工业生产领域中得到广泛应用。到1971年，PLC已经成功应用于造纸、饮料、食品、冶金等工业领域。此后，微处理器问世，大规模、超大规模集成电路技术的飞速发展和数据通信技术的持续进步促进了 PLC 的迅猛发展。总的来说，PLC 的发展历程可以分为以下四个阶段：

第一个阶段是 1969 年—1973 年，是 PLC 的初创期。这一时期的 PLC 受限于当时的计算技术和配件条件，主要由小规模集成电路和分立元件构成，此时 PLC 从有触点不可编程的硬接线顺序控制器发展成为小型机的无触点可编程逻辑控制器，比之前的继电器控制系统更加安全可靠，灵活性更高。这一时期 PLC 的 CPU 是小规模集成电路的组合，以磁芯存储器为存储设备，主要用于计时、逻辑运算、顺序控制、计数。

第二个阶段是 1974 年—1977 年，是 PLC 的发展期。在这一时期，得益于集成存储器芯片和 8 位单片 CPU 的出现，PLC 迅猛发展并日益完善，更趋实用化和系列化，开始广泛应用于工业生产过程的控制。这一时期 PLC 的功能有所增加，包括数据的传递和比较、数值运算、模拟量的控制和处理等，提升了系统的稳定性，并且能够进行自我诊断。

第三个阶段是 1978 年—1983 年，是 PLC 的成熟期。在这一时期，16 位 CPU 开始应用于微型计算机中，英特尔公司也开发出 MCS51 系列单片机，使得 PLC 朝着高速度、大规模、高性能方向发展。这一时期 PLC 的结构不仅使用了随机存取存储器（CMOS RAM）、可擦除可编程只读存储器（EPROM）及带电可擦可编程只读存储器（EEPROM）等大规模集成电路（LSI 电路），还增加了多种微处理器，极大地提升了 PLC 的处理速度和功能。与此同时，PLC 还增添了三角函数、列表、相关数、浮点运算、脉宽调制变换、平方、查表等功能，初步形成了分布式的可编程控制器网络系统，具备了远程 I/O 处理功能和通信作用，并且有着标准化和规范化的编程语言。另外，PLC 受到容错技术及自诊断功能快速发展的影响，稳定性得以进一步提升。

第四个阶段是 1984 年以后，是 PLC 的快速发展期。在这一时期，PLC 的规模有所突破，具有高达 896 K 的数量级存储器，并开始逐步应用 32 位微处理器。这时的分布式控制系统是由多台 PLC 与大型电气自动化控制系统共同组成的整体，已经具备了与通用计算机兼容的软件系统。PLC 的编程语言也有了多种形式，如流程图语句表、梯形图、BASIC 语言、机床控制的数控语言等。由于此时 PLC 在人机操作上使用了实时信息的 CRT 替代传统的仪表盘，工作人员操作或者编程 PLC 的过程更为简单、便利。此外，PLC 的 I/O 模件不仅形成了自配微处理器的智能 I/O 模件，还增大了 I/O 的点数，从而使其更加满足系统对 A/D、D/A 通信的使用及其他特殊功能模件的要求。与此同时，各大 PLC 生产企业提升了 I/O 的密集程度，进行了高密度的 I/O 模件的生产，从而减少了系统的成本投入，节省了运行空间。目前，第一代 PLC 由于其功能太少已经极少使用，而第四代 PLC 是比较复杂庞大的系统，还未得到全面的应用，如今各个行业普遍使用的是第二、第三代 PLC。

二、PLC 的组成部分、分类及特点

（一）PLC 的组成部分

PLC 由软件系统和硬件系统构成，其软件系统由 PLC 软件程序和 PLC 编程语言组成，其硬件系统由中央处理器、储存器和 I/O 系统组成。

1. 软件系统

（1）PLC 软件程序

PLC 的控制功能是通过执行程序实现的。通常情形下，在产品出厂之前、PLC 的系统程序就已经锁定在 ROM 系统程序的储存装置里。

（2）PLC 编程语言

PLC 编程语言大多用于协助 PLC 软件的使用和运行。其最突出的特点是，使用编程元件继电器替换实际元件继电器进行运转，并且用软件编程逻辑代替传统的硬布线逻辑实现控制作用。

2. 硬件结构

（1）中央处理器

在 PLC 中，中央处理器就如同人类的大脑一样掌控系统的运行逻辑、执行运算等环节。中央处理器由控制系统和运算系统两大部分组成。其中，控制系统要依据运算结果和编程逻辑实现对生产线的监控工作；运算系统主要负责处理系统收集的数据。

（2）储存器

储存器的主要功能是存放系统程序、用户程序和运算数据。其中，程序储存器是指系统用于储存程序的硬件。PLC 出厂之前会设置储存硬件的系统程序。

（3）I/O 系统

I/O 系统的主要功能是输入和输出数据。它是系统与现场的 I/O 设备或其他装置连接的主要硬件设备，是信息输入和指令输出得以执行的必备部件。通常，PLC 首先要将工业生产和系统运行的各类数据传送至主机，其次由主机中的程序进行操作和运算，再次将运算结果传送至输入模块，最后由输入模块将中央处理器生成的指令转换为电气自动化控制系统的执行信号，用于调控电机、电磁阀及接触器的运行。

（二）PLC 的分类

PLC 有多种类型，不同类型的 PLC 规格和性能也不尽相同。依据构造的不同、功能的

不同和 I/O 点数的数量，可以将 PLC 分为不同的类别。

1. 按结构形式分类

按结构形式分类，PLC 可以分为整体式 PLC、模块式 PLC 和叠装式 PLC。

（1）整体式 PLC

整体式 PLC 的存储器、CPU、I/O 部件等组成部分安装在同一印刷电路板上，并且与电源共同装在一个机壳内，最终组成一个整体。整体式 PLC 具有重量轻、价格低、体积小、结构紧凑等特点。通常情况下，小型或超小型 PLC 会使用这种构造。此外，不同 I/O 点数的主机（又称“基本单元”）和扩展单元也可以组成整体式 PLC。基本单元内有 CPU、与 I/O 扩展单元相连的扩展口、I/O 接口及与 PLC 或 EPROM 连接的端口等。扩展单元内只有 I/O 接口和电源等设备。通常，使用扁平电缆连接扩展单元和基本单元。此外，整体式 PLC 可配有特别功能单元（如位置控制单元、模拟量单元等）以扩充其自身的功能。

（2）模块式 PLC

模块式 PLC 把每个组成部分都做成单独的、插拔形式的模块，如电源模块、输入模块、输出模块、CPU 模块等，并把模块组装在一个有很多插槽并且尺寸标准的机架中，由框架、各类模块、基板共同组成。总的来说，模块式 PLC 的特征是，易于扩展、维修和装配方便、灵活，大中型 PLC 通常使用模块式构造。

（3）叠装式 PLC

叠装式 PLC 具有模块式 PLC 和整体式 PLC 的特征。叠装式 PLC 的电源、I/O 接口、CPU 等都是单独的模块，模块间都用电缆连接，而且每个模块能够一层层地叠装。叠装式 PLC 的特征是，节省空间、可对系统进行灵便的配置、体积很小。

2. 按功能分类

按功能分类，PLC 可以分为高、中、低三个档次。

（1）低档 PLC

低档 PLC 的主要功能是，定时、逻辑运算、移位、计数和自诊断、监控，还具备少量模拟量 I/O、数据传输、数学运算、比较及通信的功能。低档 PLC 大多用于单机控制系统的顺序控制、逻辑控制和少量模拟量控制。

（2）中档 PLC

中档 PLC 除了具有低档 PLC 的功能之外，还有数据传送和比较、模拟量 I/O、数制转换、算术运算、远程 I/O、通信联网、子程序等功能。有些中档 PLC 还具有 PID 控制、中断控制的功能。中档 PLC 经常用于复杂控制系统。

（3）高档 PLC

高档 PLC 除了具有中档 PLC 的功能之外，还有带符号矩阵运算、算术运算、平方根运算，以及其他特殊功能函数的运算、制表及表格传送、位逻辑运算等功能。高档 PLC 的通信联网功能良好，能够应用于构成分布式网络控制系统或大规模过程控制中，从而形成完备的电气自动化控制系统。

3. 按 I/O 点数分类

外部信号的输入、外部设备的控制、对 PLC 的运算结果进行输出都需要经过 PLC I/O 端来进行线路连接，PLC 的输入端和输出端的端子的数目之和被称为“输入/输出点数”，又称“I/O 点数”。按照 I/O 点数的数量，PLC 可以分为大型、中型、小型三种类型。

(1) 小型 PLC

此类 PLC 的 I/O 点数≤256 点；单 CPU，8 位或 16 位处理器，用户存储器容量 4K 以下。例如，美国通用电气（GE）公司的 GE-1 型 PLC，美国德州仪器公司的 TI-100 型 PLC，日本三菱电气公司的 F、F1、F2 型 PLC 等。

(2) 中型 PLC

此类 PLC 的 I/O 点数为 256~2048 点；双 CPU，16 位处理器，用户存储器容量 2K~8K。例如，德国西门子公司的 S7-300 型 PLC 以及 SU-5、SU-6 型 PLC，中外合资无锡华光电子工业有限公司的 SR-400 型 PLC 等。

(3) 大型 PLC

此类 PLC 的 I/O 点数>2048 点；多 CPU，16 位、32 位处理器，用户存储器容量 8K~16K。例如，德国西门子公司的 S7-400 型 PLC、美国通用电气公司 GE-Ⅳ型 PLC、日本立石公司的 C-2000 型 PLC、日本三菱公司的 K3 型 PLC 等。

(三) PLC 的特点

1. 通用性强，使用便利

PLC 产品的模块化和系统化发展，使其配有种类较全的各式硬件设备，以方便用户根据自身需要进行选择。用户在选择好硬件设备后，可以对控制程序进行修改，以满足生产工艺的要求。

2. 功能较强，应用广泛

如今的 PLC 具备很多功能，不仅能够进行计时、逻辑运算、顺序控制、计数等，还能进行 A/D 和 D/A 转换、数据处理、数值运算等。因此，PLC 既能控制模拟量，也能控制开关量，既能对 1 条生产线、1 台生产机械进行单独控制，也能对整个生产过程进行总控。此外，PLC 所具备的通信联络功能，能够与上位计算机构成分布式调控系统，从而实现远程操作。

3. 具有较高的可靠性，能够抵抗强干扰

大部分用户在选取控制设备时，都会以 PLC 的可靠性为选择标准。PLC 是针对工业应用环境而设计制造的，为了提高 PLC 中硬件和软件的抗干扰性，PLC 生产商通常会在 PLC 中采取一些防干扰措施。隔离是硬件防干扰的常用方法，该方法中输入接口使用光电耦合器来隔离输入信号与内部处理电路的传输，隔离不仅可以切断 CPU 与外部电路间的电路连接，从而大大减少 PLC 的外部干扰，还可以预防外部较高电压突然窜入 CPU 模块中。使用滤波是软件防干扰的常用方法，在 PLC 的 I/O 电路和电源电路中，安置多种滤波电路，不仅能有效地防止高频干扰信号，还能作为诊断和故障检查程序的一部分来完善系统的功能。使用抗干扰方法后，PLC 的正常工作时间通常可以达到 4 万~5 万小时。

4. 编程方式简单易学

PLC 配备有简单易学的梯形图语言，此种语言编程元件的符号和表达方法与继电器的调控电路原理非常相似。

5. 安装、调试、维修的设计较为便利

在安装过程中，继电器控制系统中大量的时间继电器、中间继电器、计数器等部件，都被 PLC 软件功能所替代，使得 PLC 控制柜中的安装接线、设计工作大大减少。在调试过程中，工作人员可以在实验室模拟调试 PLC 的用户程序，调试成功后，再把 PLC 应用于生产现场，最后联机调试。从维修来看，由于 PLC 具有完善的自我诊断和消障故障的功能，故其很少因故障造成系统瘫痪。即使 PLC 外部的输入设备和执行机构发生了错误，依照 PLC 编程器和发光二极管上的信息，检修人员也可以快速定位故障位置并找到故障原因。

6. 质量小、体积小、功耗不高

PLC 具有坚固、结构紧凑、质量小、体积小、功耗不高的特点，并且还有极佳的抗震性能和快速适合温度、湿度、环境的能力。基于此，可以将 PLC 安装到机械设备中，便于实现机电一体化，PLC 是一种比较理想的控制装置。

三、PLC 的工作流程

PLC 的工作流程如下：PLC 接通电源后，要对硬件及使用资源进行一些初步的处理；在接受系统指令后，PLC 开始读取 I/O 设备的信息，并执行相应的程序；经过一些接口，PLC 可以达到通信的目的。如果在此过程中出现偏差，PLC 可以采取修改输出、中断程序等措施，最终实现系统的正常运行。

为了达到及时响应各类输入信号，PLC 初始化后系统会反复分阶段处理各种任务，这一过程即为扫描过程。在系统程序的管理下，PLC 以循环扫描的方式，运行应用程序，对控制要求进行处理判断，并通过执行用户程序来实现控制任务。依照 PLC 主要组成特征和

运行方法，PLC 事实上可以算作计算机软件，用来控制各种计算机程序，因此 PLC 具备了比一般计算机系统功能更强的工程过程接口，并且特别适用于工业环境。PLC 的具体工作流程如下所示。

（一）系统初始化

PLC 接通电源后，要对 CPU 及各种资源进行初始化处理，包括清除 I/O 映像区、变量存储器区，复位所有定时器，检查 I/O 模块的连接等。

（二）读取输入

PLC 的存储器是指用来存储输出信号和输入信号的区域，分为输出映像寄存器和输入映像寄存器。在读取或输入信息时，PLC 把全部外部数字量输到电路的 1/0 状态（或称 ON/OFF 状态）读取输入映像寄存器中。当外部电源接通时，对应的传输映像寄存器为 1，梯形图中相应输入点的常开触点就要连接，常闭触点则分离；当外部电源断电时，对应的传入映像寄存器为 0，梯形图中相应传入点的常开触点就要分离，常闭触点则连接。

（三）执行用户程序

PLC 用户程序由多条指令组成，并且指令在存储器中按顺序排列。当 PLC 执行用户程序时，如果没有跳转指令，CPU 将从第一条命令开始，按顺序逐个执行用户程序，一直到结束指令（END）出现为止。当执行结束指令后，CPU 会检查 PLC 系统的智能模块，询问是否继续服务。

在执行命令时，PLC 会从 I/O 映像寄存器或其他位元件的映像寄存器读出其 0/1 状态，依照命令进行逻辑运算，并且在对应的映像寄存器中写入运算的数值。因此，PLC 映像寄存器（只读状态下的输入映像寄存器除外）的内容会根据用户程序的运行而发生改变。

在执行程序指令时，即使外部传输的信息状态发生改变，也不会影响到输入映像寄存器的状态，而输入信息的状态改变要等到下个扫描周期的读取输入阶段才会被读入。

在执行程序指令时，I/O 的存取不是通过实际的 I/O 点，而是通过映像寄存器，这样做的好处是：程序执行时段的输入值保持不变，等程序执行完后，使用输出映像寄存器的值更新输出点的数据，可以使系统更加稳定；相对读写 I/O 点来说，用户程序读写 I/O 映像寄存器更加快速，可以提升用户程序的执行速度；映像寄存器可以按照字节、位来存储，灵活方便，而 I/O 点则需要按位存取，存取速度相对会慢。

（四）通信处理

PLC 处于工作状态时，CPU 模块会对智能模块进行检查，查看其是否有服务要求，如有要求，就会读取智能模块的信息，并存放于缓冲区中，以便在下一扫描周期时使用。在 PLC 处理通信信息的过程中，CPU 要读取通信接口处接收的信息，然后在合适的时间将信息传递给通信请求方。

（五）CPU 自诊断测试

CPU 自诊断测试的工作内容包括读取用户程序存储器，按期检查 EPROM、I/O 扩展总线的一致性及 I/O 模块的状态，监控定时器复位，并完成其他的内部工作。

（六）修改输出

CPU 在用户程序运行完毕后，会把输出映像寄存器的 0/1 状态传输至输出模块并锁存好。如果输入点的线圈在梯形图中处于“通电”状态，相应的输出映像寄存器就改成 1。输出模块对信息进行分隔和功率放大后，继电器输出模块中相应的硬件继电器线圈会接入电，其常开接触点因此连接，这样一来，外部负载得以通电运行。如果输入点的线圈在梯形图中处于“断电”状态，相应的输出映像寄存器内就会存储为 0 的二进制数，将它通过物理模块输出后，硬件继电器相应的线圈就因此使电路断开，常开触点因此分离，则 PLC 外部电路就会断电停止工作。

（七）中断程序处理

若用户启用了中断程序服务，当出现中断事件时，PLC 会立刻中断程序的运行。这一服务可以在扫描周期的任意时间运行。

（八）立即 I/O 处理

在执行程序指令时，PLC 应用 I/O 指令可以立即读取存取点信息。当 PLC 执行 I/O 指令读取输入点的数值时，输入映像寄存器的对应值没有改变；当 PLC 执行 I/O 指令来改写输出点时，输出映像寄存器的值会更改。

四、PLC 的功能

PLC 在发达国家普遍应用于石油、钢铁、电力、化工、机械制造、建材、轻纺、汽车、环保、交通运输及文化娱乐等多种行业。由于 PLC 的性价比越来越高，一部分以前应用专业计算机的领域，也开始大范围应用 PLC，PLC 的使用范畴越来越广。下面总结出 PLC 的几种功能。

（一）开关量的逻辑控制

开关量的逻辑控制是 PLC 最广泛的应用，普及程度最高。仅有开关量控制功能的 PLC 可以代替继电调控系统来完成逻辑控制。开关量逻辑控制既可用于单台设备，也可用于自动生产线，如机床电气控制、铸造机械、冲床、包装机械的控制、注塑机的控制、运输带，化工系统中各类泵和电磁阀的控制，冶金企业的高炉上料系统，飞剪、连铸机的控制，啤酒灌装、收音机、电镀生产线、电视机、汽车配装线的生产线控制等方面。

（二）运动控制

PLC 可用于对圆周运动和直线运动的调控。早期，PLC 可以使用开关量 I/O 模块直接连接位置传感器和执行机构，现今已改为使用专门的运动调控模块来达到这一目的。运动调控模块通常自带微处理器，可以用来调控运动物体的速度、位置和加速度，能对旋转运动、直线运动、单轴或者多轴运动进行调控。实际上，开关量 I/O 模块和运动调控模块的功能都是将 PLC 与运动控制器的有序调控功能合并起来，这一功能在装配机械和机床方面得到了广泛的应用。

世界各大知名的 PLC 生产企业所生产的 PLC 基本都具有运动控制功能。例如，日本三菱公司 FX 系列的 PLC 采用的就是 FX2N-1PG 脉冲输出模块，可以从位置传感设备中读取现在的位置数值，并与给定值进行比较，比较的结果可以用来控制伺服电动机或步进电动机的驱动设备。一台 PLC 可以连接 8 块脉冲输出模块，实现对多台设备的运动控制。

（三）闭环过程控制

PLC 通常采用闭环调控方式对工业生产中的流量、控制温度、压力、速度等不断变化的模拟量进行控制，不管是应用计算机（包含 PC）的控制系统还是模拟调节器的模拟调控系统，PLC 都会利用 PID 方式（Proportion-Integral-Differential，即比例—积分—微分调节）进行调控。因此，PLC 在闭环过程控制领域得到广泛的使用。利用 PLC 实现对模拟量的 PID 闭环控制，具有用户操作便利、性价比高、抗干扰能力强、可靠性高等特点。用户可以通过以下三种方式使用 PLC 进行模拟量的 PID 调控：一是运用 PLC 内部的 PID 功能命令；二是运用 PID 过程控制模块；三是用户可自行对 PID 调控程序进行编制。但是，前两种方式不仅价格较贵，而且灵活性较差，算法也比较固定，通常只应用于大型 PLC。若 PLC 没有 PID 功能指令或者 PID 过程控制模块时，要想实现 PID 调控模拟量的功能，可以采用第三种方式，即自行编制 PID 控制程序。

PLC 的模拟量 I/O 模块还可以完成模拟量与数字间的 A/D 转换和 D/A 转换，并且实现闭环式模拟量的 PID 控制。这一过程不仅可以由专用的 PID 模块完成，而且可以由 PID

的子程序完成。PLC 的模拟量调控功能已经广泛应用于塑料挤压成型机、热处理炉、加热炉、锅炉等设备中，并且在化工、轻工、冶金、机械、电力和建材等行业也得到了普及性的应用。

此外，在 PLC 的模拟量中有一种数字 PID 控制，其调控特点是：PLC 在自动采样后，把采样的信息转化成适合运算的数字，再存储于固定的数据寄存器中，数字经过数据处理指令的计算、调用后，再由 PLC 传送至用户界面。这一过程可以应用梯形图程序来完成，因此具备较好的适应性和灵便性。而且，使用 PLC 的数字 PID 控制后，还可以解决在原来一部分模拟 PID 控制器中存在的问题。

（四）数据处理

PLC 具有很多功能，如数据传递、数学运算、转换、排序和查表、位操作等，可以对数据进行采集、解析、处理等操作。这些数据与存在于存储器内的参考值相比，也能使用通信功能传输到其他智能设备，或者进行制表打印。数据处理功能通常应用于大、中型 PLC 中，如过程控制系统、柔性制造系统等。

（五）机器人控制

在工业的自动生产线中采用机器人这种高端设备，是现阶段工业生产自动化的主流趋势，已经有很多的机器人开发企业将 PLC 应用于机器人控制器中，以此完成工业生产中各式各样的机械动作。随着 PLC 体积的不断缩小和功能的不断强化，PLC 在机器人中的使用频率会越来越高。

（六）通信

PLC 的通信功能不仅包括 PLC 系统间的通信，还包括 PLC 与上位计算机和其他智能设备间的通信。PLC 上有与计算机连接的端口，可以通过同轴电缆或者光缆连接计算机并组成网络，从而实现通信，形成“集中管理、分散调控”的分布式控制系统。当前各大 PLC 生产厂家都推出了专用于 PLC 间通信的网络，在计算机与 PLC 间的通信方面，虽然有一部分 PLC 生产企业使用工业标准总线，但现如今都趋向于使用标准的通信协议。

五、PLC 的发展趋势

（一）传统 PLC 的发展趋势

由于通信技术、计算机技术及电子技术的持续进步，PLC 的功能和结构得到了进一步的提高，基本每隔 3~5 年就有更新换代的新产品面世。传统 PLC 的发展趋势表现在以下六个方面：

1. 朝着自动化、网络化方向发展

传统 PLC 朝着自动化、网络化方向发展，表现出大型化、多功能、复杂化、多层分布式、分散型等特点。例如，美国制造出一种全自动化网络系统，它不仅能够进行计时、计数、逻辑运算，还能实现模拟量控制、数值运算、计算机接口、监控、数据传递等，并且实现了 PLC 在工厂中的中断控制、过程控制、远程控制、智能控制等。此系统使用了 BASIC 语言，不仅能与上位计算机进行数据通信，对机器人、CNC 数控机床等设备进行直接调控，还能由下级 PLC 实现对执行机构的调控。如果某个工厂在使用这一系统的同时，还选择使用 Viewaster 彩色图像系统及 Factory Master 数据采集和分析系统，那么其就可以更加得心应手地控制和管理工厂。

2. 研发各类智能模块，并加强其过程控制功能

智能的 I/O 模块是基于微处理器的功能组件，传统 PLC 的主 CPU 与 I/O 模块的 CPU 并行工作，很少占用主机的 CPU，这样能使 PLC 进行快速扫描。智能模块不仅可以实现通信控制、模拟量 I/O、机械运动控制、PID 回路控制等功能，还可以进行中断输入、高速计数、C 语言和 BASIC 组件等高级操作。由此可见，如果 PLC 中存在智能模块，可以加强其对过程功能的控制。此外，一部分传统 PLC 应用智能模块调控的过程中，增加了自适应调试，可以提升控制精度，更有利于企业的管理。

3. 同个人计算机结合

现在的个人计算机通常被用作 PLC 的操作站、编程器、人/机接口终端，随着技术的发展，传统 PLC 也集合了计算机的功能。一些大型的 PLC 中还采用了功能较强的微处理器和大容量存储器，将模拟量控制、数学运算、逻辑控制和通信功能紧密联系起来。总的来说，传统 PLC 与个人计算机、集散控制系统、工业调控计算机在应用和功能上互相融合，使传统 PLC 的性价比不断提高。

4. 实现 PLC 的集中控制

由于通信网络功能的进一步加强，传统 PLC 的通信网络功能实现了 PLC 与计算机、PLC 与 PLC 间的信息互换，由此构成了一个统一的整体，使分散式的集中控制得以实现。

5. 开发出具备人机对话技术的 PLC

开发新型编程语言、强化容错能力、使用性能优秀的外部设备与图形监控技术可以组成人机对话技术，这一技术不仅增加了流程图、专用语言、梯形图语言等命令，还增添了 BASIC 语言的编程和容错功能。应用人机对话技术的 PLC 可以实现双机热备、双机表决（当输入状态与 PLC 逻辑状态比较出错时，自动断开该输出）、自动切换 I/O、I/O 三重表

决（取两台相同的设备对 I/O 状态进行软硬件表决）等功能，提升了 PLC 的可靠性。

6. PLC 生产技术的规范化、标准化

PLC 生产企业在持续研制硬件和编程工具的同时，也逐步发展制造自动化协议。这是因为如果对 PLC 的主要部件（如接线端子、输入输出模块、编程工具、编程语言和通信协议等）实行生产标准化，那么不同企业生产的各类产品就能够兼通互用，降低网络组建的难度，方便用户使用。

（二）新型 PLC 的发展趋势

如今，开放型的硬件或软件平台不断研究与开发，由此形成了新型 PLC。经过多年研究，新型 PLC 的结构规模、运算速度、模块功能等方面实现了飞越式的发展，而计算机、半导体集成、显示、网络控制、通信等技术都关系到新型 PLC 的进步。与此同时，PC 和 DCS 所具有的特性也已经融入 PLC 中。但是，现代技术市场的竞争日益激烈，其他控制类新设备和新技术的出现给新型 PLC 带来了威胁。因此，相关人员应根据新型 PLC 具备的特性，再结合新的方法和技术，不断进行研究和创新，使新型 PLC 的功能更加完备。我们有理由相信，在工业自动化控制的各种要求下，新型 PLC 将会有更好的表现，新型 PLC 未来将朝着以下方向发展：

1. 朝着大型网络化、综合化方向发展

PLC 的网络通信是指 PLC 与计算机间、PLC 与 PLC 间的通信，PLC 朝着大型网络化发展是发展的必然趋势。人们不断对通信标准进行完善，使 PLC 的网络通信水平不断强化。PLC 网络拓扑结构中具有代表性的功能有过程控制、设备控制及信息管理。PLC 及其网络是现代工业自动化过程中用得最多、使用最广的自动化调控网络。

在设备控制层添加现场总线后，新型 PLC 可以与检测仪表、变频器等工业生产过程中的现场设备进行直连；可以用工具软件实现对过程控制层的调控，使操作界面更加人性化，增强用户体验；可以在工厂整体自动化进程中进行跨地域的编程、监控、管理、诊断；可以结合控制与信息管理功能，并由此构成信息管理层；可以通过制定自动化通信协议，加强以太网的通信作用。

总的来说，新型 PLC 一定会朝着工业生产和信息管理相结合的综合自动化方向发展。如今的工业自动化应用范围逐渐扩大，拥有较大容量存储器的大型 PLC 和具有多个 CPU 共同运行的 32 位微处理器的应用可实现对超万点 I/O 的调控。如果新型 PLC 朝着大型网络化、综合化方向发展，其将会具备以下功能：浮点运算、函数运算、文字处理、滞后补偿、数据处理队列、PID 运算、阵运算、超前补偿、多段斜坡曲线生成、自诊断、处方、批处理、配方、故障搜索等。

此外，大新型 PLC 为了实现综合化发展，还需要强化自身的通信能力和网络化功能，具体表现为：向上与管理计算机或工控机相连接，从而组成整个企业的自动化控制系统；向下将很多 PLC 子系统与远程 I/O 站点相连接。

2. 向速度快、功能强的小型化、微型化方向发展

在工业控制领域，小型 PLC 是不可能被取代的，其应用范围反而越来越广。由于小型 PLC 具有体积小、功能强、价格低、速度快的优势，其被应用于工业控制领域的诸多方面。现在，新型 PLC 的发展趋势由整体化构造向模块化构造转变，并趋于小型化，使得 PLC 的系统配置更具灵便性。具体而言，新型 PLC 小型化发展趋势可以表现为：运算速度提升、构造升级、尺寸更小、较低的成本、强大的网络功能。这些表现都强化了小型 PLC 的功能，并且使其可以在机器内部安装，比较适用于设备或回路的单机控制。此外，小型 PLC 不仅可以对开关量进行 I/O 调控，还有高速脉冲、输出高速计数、中断控制、网络通信、PWM 波输出、PID 控制等功能，能够加速机电一体化的实现。

为了充分满足数控机床、单机和工业机器人等区域的控制需要，实现机电一体化，新型 PLC 还朝着微型化方向发展，由此呈现出体积更小、功能更多、价格更低、速度更快的特点。

3. 朝着多样化和智能化发展

虽然传统 PLC 已经着手研究智能模块，但是随着科学技术的发展，新型 PLC 仍要结合新技术继续朝着智能化方向发展。现阶段，新型 PLC 为了朝着多样化和智能化发展，注重用户配置系统的操作简单、应用灵便、兼容性和通用性等。基于此，智能化的 I/O 模块应运而生。这一模块不需要借助配置主机，自身就有独自的存储器、中央处理器、I/O 单元及连接外部设备的端口，由内部总线实现连接，由系统程序进行控制，从而可以完成对信号的现场处理、检测和控制。同时，借助这一模块，新型 PLC 主机的 I/O 扩展端口与外部装置端口相连后，不仅可以实现主机与外部设备的通信，还能实现 PLC 主机的多程序运行，并且使 PLC 及时对现场信号进行处理。

此外，新型 PLC 的智能模块还根据特殊需要进行功能改进，增加高速计数模块、智能 PID 模块、远程 I/O 模块、温度检测模块、运动控制模块、位置检测模块、人机接口模块和通信模块等多种新模块。可见，随着智能模块的发展，新型 PLC 的功能得以拓展，其应用范畴也进一步扩展，从而使控制系统更加灵活便利。

4. 朝着高性能和高可靠性方向发展

要想提升 PLC 的处理能力和控制功能，扩大其应用范围，新型 PLC 就需要具备更高的运算速度、更大的存储容量、更好的实时通信功能。基于此，新型 PLC 要从高速运算能力、编程设备的服务处理、数据的交换速度、外部设备的响应速度、存储的容量及运行速度等方面入手进行提升。

为了向高可靠性方向发展，新型 PLC 中采用了冗余技术、容错技术、自诊断技术，使其自带的硬件、软件可以对 PLC 的内部故障进行检测与解决，这样一来，虽然 PLC 中仍然会产生一些故障，但是其内部故障率要大大低于外部故障率。而且随着新型 PLC 冗余和容错功能的发展，其稳定性将会加强，系统的可靠性自然更高。

5. 编程语言朝着多样化、高级化方向发展

随着新型 PLC 硬件构造的发展和功能的提升，其软件也进行了相应的发展。PLC 编程语言不仅包括梯形图、语句表，还包括针对顺序调控的步进编程语言、与微机兼容的高级语言、针对过程控制的流程图语言，丰富的编程语言使各类控制要求得到实现。总的来说，各种编程语言的互补、共存、发展，即多样化、高级化发展，是新型 PLC 发展的方向之一。

6. 朝着集成化的方向发展

软件的集成是指将 PLC 的编程、程序调试、操作面板、故障诊断和解决、通信功能等进行组合。在集成监控软件时，新型 PLC 可以收集生产过程的实时数据，并解析这些数据将其传递给管理层；控制层也会及时收到过程优化数据和生产过程的信息。未来，为了构建满足客户私人定制要求的集成化控制体系，新型 PLC 的硬件和软件可以利用系列化组合与模块化组合，增添 SCADA 系统、PLC 控制系统、DCS 系统、伺服控制系统等系统，促使 PLC 系统的管理和维修更加便利。

此外，为了满足工业用户的要求，新型 PLC 未来会集成众多不同类型的系统的职能，降低用户运用 PLC 的难度，降低研发成本，缩减研发周期，促进集成自动化体系的资源共享与运用。

7. 朝着开放性与兼容性的方向发展

目前，工业控制体系对信息交流的流通性、实时性要求日益提升，PLC 为适应工厂控制的需要，开放性和兼容性发展趋势已经日趋明显。如果 PLC 缺乏兼容性和开放性，会在系统升级、信息管理和系统集成等方面增加成本费用和难度，导致用户无法有效地运用电气自动化技术。

PLC 开放性的具体表现为，有统一系统集成接口、统一通信和网络协议、统一编程软件等。实际上，统一的 PLC 标准不仅可以确保不同工厂的产品间存在开放性和兼容性，也能保障产品的品质。现阶段，以太网技术与总线技术的协议处于公开状态，可以有效促进不同协议间的 PLC 开放。在 PLC 开放化发展的过程中，国际标准组织提出的通信协议标准化和互联参考模型提升了工厂间产品的通用性。也就是说，为了使 PLC 更具开放性、兼容性，国际各大组织应积极推行统一 PLC 协议的颁布和实行。

现阶段，PLC 的全面开放还需要一个较长的过程，因为它的开放性涉及厂商利益、通

信协议、技术保密、可靠性等方面的问题。将来，因为PLC的开放性可以有效地促进其他控制体系间的集成，所以新型PLC的发展趋向必然是开放型的PLC。

第二节　PLC控制系统的安装与调试

一、安装PLC控制系统的环境要求

任何设备的正常运行对外部环境都有一定的要求，PLC对使用环境也有特定的要求。PLC控制系统在安装的过程中应注意以下几点环境要求：

（一）温湿度

PLC控制系统的正常运行对现场环境的温湿度有一定的要求。一般情况下，水平安装方式要求环境温度为0~60℃，垂直安装方式要求环境温度为0~40℃；空气的相对湿度应≤85%（无凝露）。

为了保证合适的温度和湿度，在设计和安装PLC控制系统时，工作人员必须确保以下内容：

第一，电气控制柜的设计。电气控制柜应该有足够的散热空间，柜体应该设计方便空气对流的散热孔。对于某些发热现象严重的电气元件而言，还应该考虑增加散热风扇。

第二，安装注意事项。安装PLC控制系统时，不能将其置于发热量大的元件附近；要避免阳光直射，注意防水、防潮保护；要避免环境温度变化较大而在其内部形成凝露，从而造成电气元件的损坏。

（二）振动

安装PLC控制系统时，应远离强烈的振动源，防止10~55Hz振动频率下的频繁或连续振动。在实际生产中，火电厂的大型电气设备工作时会产生较大的振动，如送风机、一次风机、引风机、电动给水泵、磨煤机等，安装PLC控制系统时要远离以上设备。当使用环境不可避免振动时，工作人员应该采取一些减振措施，如使用减振胶等。

（三）空气

为了保证PLC控制系统的正常运行，PLC控制系统的安装环境要避免有腐蚀性和易燃的气体，如氯化氢、硫化氢等。在空气中有较多粉尘或腐蚀性气体的环境中安装PLC控制系统时，可将其安装在封闭性较好的控制室或控制柜中，还要在控制室或控制柜中安装空气净化装置，以延长 PLC 的使用寿命。

（四）电源

PLC 的供电电源为 50 Hz、220（1±10%）V 的交流电。对于一般情况下的电源干扰而言，PLC 本身具有足够的抗干扰能力。但是，如果 PLC 控制系统处于对可靠性要求很高的场合或电源干扰特别严重的环境中时，建议安装一台带屏蔽层的变比为 1∶1 的隔离变压器，以此减少设备与地面之间的干扰。

二、PLC 控制系统的程序调试

调试工作是检查 PLC 控制系统是否满足控制要求的关键工作，是对 PLC 系统性能的一次客观、综合的评价。PLC 控制系统投入使用前必须对其全部系统功能进行严格的调试，直到满足要求并经有关用户代表、监理和设计人员的签字确认后，才能交付使用。对 PLC 控制系统进行调试的调试人员应受过系统的专门培训，对控制系统的构成、硬件和软件的使用及操作都比较熟悉，只有这样才能独自完成程序调试这一任务。

调试人员在调试的过程中发现问题应及时联系有关设计人员，在设计人员同意后方可进行修改，同时要对修改的内容进行详细的记录，修改前的软件要进行备份，并对调试修改部分做好文档的整理和归档。PLC 控制系统的程序调试一般包括 I/O 端测试和系统调试两部分内容。

（一）I/O 端测试

调试方法为：用手动开关暂时代替现场输入信号，以手动方式逐一对 PLC 输入端进行检查、验证。PLC 输入端指示灯点亮，表示正常；反之，应检查接线、I/O 点是否损坏。

为了便于测试 I/O 端，我们可以编写一个小程序，在输出电源良好的情况下，检查所有 PLC 输出端的指示灯是否全亮。若 PLC 输入端指示灯点亮，表示正常；反之，应检查接线、I/O 点是否损坏。

（二）系统调试

进行系统调试前需要做一些准备工作：首先，按控制要求将电源、外部电路与 I/O 端连接好；其次，在 PLC 中安装程序并运行程序进行调试；再次，将 PLC 与现场设备连接，正式调试前全面检查整个 PLC 控制系统，包括电源、接线、设备连接线、I/O 连线等；最后，在保证全部硬件正确连接的情况下即可送电。

系统调试的方法为：把 PLC 控制单元工作方式设置为“RUN”开始运行；反复调试

消除可能出现的各种问题；调试过程中可以根据实际需求对硬件做出适当的修改，以配合软件的调试；应保持足够长的运行时间，以使问题充分暴露并加以纠正。

一般来说，系统调试中多数情况是控制程序出现问题，可以通过以下几步进行解决：①对每一个现场信号和控制量做单独测试；②检查硬件/修改程序；③对现场信号和控制量做综合测试；④带设备调试；⑤调试结束。

三、PLC 控制系统的安装调试步骤

合理安排 PLC 控制系统的安装调试步骤是确保优质高效地完成安装与调试任务的关键。经过现场检验并进一步修改后，PLC 控制系统的安装调试步骤如下：

（一）前期技术准备

PLC 控制系统安装调试的前期技术准备工作是否充分对安装与调试环节的顺利与否起着至关重要的作用。前期技术准备工作包括以下几个方面的内容：

1. 熟悉 PLC 随机技术资料、原文资料，深入理解其性能、功能及各种操作要求，制定操作规程。

2. 深入了解设计资料，理解透彻系统工艺流程。只有做到以上两点，才能绘制工艺流程连锁图、系统功能图、系统运行逻辑框图，这将有助于工作人员对 PLC 控制系统运行逻辑的深刻理解。这两点是前期技术准备的重要环节。

3. 掌握各工艺设备的性能设计与安装情况，特别是各设备的控制与动力接线图，并将图纸与实物相对照，以便及时发现错误并纠正。

4. 在透彻理解设计方案与 PC 技术资料的基础上，列出 PLC I/O 点号表，包括内部线圈一览表、I/O 点所在位置、对应设备及各 I/O 点功能。

5. 研读设计提供的程序，将逻辑复杂的部分 I/O 点绘制成时序图。在绘制时序图时，工作人员可能会发现一些设计中的逻辑错误，要及时与设计人员沟通并进行调整或修正。

6. 对子系统编制调试方案，在集体讨论的基础上将子系统调试方案综合起来，成为全系统调试方案。

（二）PLC 商检

商检应由甲乙双方（买卖双方）共同进行，应确认设备及备品、备件、技术资料、附件等的型号、数量、规格是否正确，性能是否完好。商检结束后，双方应签署交换清单。

（三）实验室调试

1. 实验室 PLC 调试内容

首先，PLC 的实验室安装金属支架，将各工作站的 I/O 模块固定在支架上面；按安装提要将各站与主机、编程器、打印机等连接起来，并检查接线是否正确；在确定供电电源等级与 PLC 电压选择相符后，按开机键通电；装入系统配置带，确认系统配置；装入编程器装载带、编程带等；按照操作规则开通系统，此时即可进行各项试验的操作。

其次，在编程器上输入工作程序。

最后，模拟 I/O 工作程序，检查并修改工作程序。本步骤的目的在于验证输入的工作程序是否正确；该程序的逻辑所表达的工艺设备的连锁关系是否与设计的工艺控制要求相符合；程序在运行过程中是否畅通。若不相符或不能顺利运行全过程，说明程序有错误，应及时进行修改。在这一过程中，工作人员对程序的理解将会进一步加深，有利于为下一步现场调试做好充足的准备，也有利于发现程序中不合理和不完善的地方，以便进一步优化与完善。

2. 实验室调试方法

（1）模拟方法

按设计做一块调试版，以钮子开关模拟输入节点，以小型继电器模拟生产工艺设备的继电器与接触器，其辅助接点模拟设备运行时的返回信号节点。模拟方法的优点是具有模拟的真实性，可以反映开关速度差异很大的现场机械触点和 PLC 内的电子触点相互连接时，是否会发生逻辑误动作；其缺点是会增加调试费用、加大调试工作量。

（2）强置方法

利用 PLC 强置功能测试程序中涉及现场的机械触点（开关），以强置方法使其“通”“断”，迫使程序运行。强置方法的优点是调试工作量小、简便，无须增加额外的调试费用；其缺点是逻辑验证不全面，人工强置模拟现场节点“通”“断”会造成程序不能连续运行，只能分段进行。

（四）PLC 的现场安装与检查

实验室调试完成后，待条件成熟，将设备移至现场安装。PLC 的安装应满足以下要求：插件插入牢靠，并用螺栓紧固；通信电缆要统一型号，不能混用，必要时要用仪器检查线路信号衰减量，其衰减值不得超过技术资料提出的指标；测量主机、I/O 柜、连接电缆等的对地绝缘电阻；测量系统专用接地的接地电阻；检查供电电源。做完以上工作后要认真做好记录，只有确认以上各项均符合要求时，才可通电开机。

（五）现场工艺设备接线、I/O 接点及信号的检查与调整

检查并确认现场各工艺设备的控制回路、主回路接线的正确性，在手动方式下进行单体试车；检查并反复操作 PLC 控制系统的全部输入点（包括转换开关、按钮、继电器与接触器触点、限位开关、仪表的位式调节开关等）及其与 PLC 输入模块的连线，确认其正确性；检查接收 PLC 输出的全部继电器、接触器线圈及其他执行元件及它们与输出模块的连线，确认其正确性；测量并记录其回路电阻、对地绝缘电阻，必要时应按输出节点的电源电压等级向输出回路供电，以确保输出回路未短路，避免输出点向输出回路送电时因短路而烧坏模块。

一般来说，大、中型 PLC 如果装上模拟 I/O 模块，还可以接收和输出模拟量。在这种情况下，要检查向 PLC 输送模拟输入信号的一次检测或变送元件以及接收 PLC 模拟输出信号的调节或执行装置，确认其正确性。必要时，还应向检测与变送装置送入模拟输入量，以检验其安装的正确性及输出的模拟量是否正确，以及是否符合 PLC 所要求的标准；向接收 PLC 模拟输出信号调节或执行元件，送入与 PLC 模拟量相同的模拟信号，检查调节可执行装置能否正常工作。

总的来说，装上模拟 I/O 模块的 PLC 可以对生产过程中的工艺参数（模拟量）进行监测，通过检查与调整现场工艺设备接线、I/O 接点及信号，可以实现对生产工艺流程的过程控制。

（六）系统模拟联动空投试验

系统模拟联动空投试验的目的是，将经过实验室调试的 PLC 控制系统置于实际工艺流程中，通过现场工艺设备的 I/O 点及连接线路，验证系统的运行逻辑。

试验流程为：首先，将 PLC 控制的工艺设备（主要指电力拖动设备）主回路断开，二相中仅保留作为继电控制电源的一相，以保证其在通电时不会转动；其次，按设计要求对系统的不同运转方式及其他控制功能，逐项进行系统模拟试验，先确认各转换开关、工作方式选择开关、其他预置开关的正确位置；再次，通过 PLC 启动系统，按连锁顺序观察并记录 PLC 各输出节点所对应的继电器、接触器的吸合与断开情况，以及其顺序、时间间隔、信号指示等是否与设计的工艺流程逻辑控制要求相符，观察并记录其他装置的工作情况；最后，对模拟联动空投试验中不能动作的设备和部件，如料位开关、限位开关、仪表的开关量与模拟量输入、输出节点，与其他子系统的连锁等，视具体情况采用手动辅助、外部输入、机内强置等方式进行模拟，以测试整个 PLC 系统的运行情况。

（七）PLC 控制的单体试车

PLC 控制的单体试车的目的是，确认 PLC 输出回路能否驱动继电器、接触器正常接

通，从而使设备运转；检查运转后设备发出的返回信号是否能正确送入 PLC 输入回路，限位开关能否正常动作。

试验流程为：强置某一工艺设备（如电动机、执行机构等）的输出节点，使继电器、接触器动作，设备运转，这时观察并记录设备的运行情况，检查设备运转返回信号及限位开关、执行机构的动作是否正确无误。

需要注意的是，被强置的设备应悬挂“运转危险”指示牌，设专人值守；只有当值守人员发出启动指令后，操作人员才能强置设备启动，若没有进行充分的准备，不允许强置启动设备。

（八）PLC 控制系统无负荷联动试运转

PLC 控制系统无负荷联运试运转的目的是，确认经过单体无负荷试运行的工艺设备与经过系统模拟试运行证明逻辑无误的 PLC 连接后，能否按工艺要求正确运行，信号系统是否正确，并检验各外部节点的可靠性、稳定性。

试验流程如下：试验前，要制订系统无负荷联动试车方案，讨论确认后严格按方案执行。试验时，首先，联动子系统，用人工辅助（节点短接或强置）的方式将子系统连接在一起；再次，全系统联动，再测试设计要求的各种起停和运转方式以及事故状态与非常状态下的停车、各种信号等。

需要注意的是，测试这一步骤时要尽可能地使之符合现场实际情况，如模拟事故状态时，可以采用强置方法，根据工艺要求确定事故点。此外，在 PLC 联动负荷试车前，要全面检查各设备的连接是否正常，而且操作人员试验前要经过培训，以便该步骤能够一次成功。

四、PLC 控制系统安装与调试中的问题

（一）信号衰减问题的讨论

1. 从 PLC 主机至 I/O 站的信号最大衰减值为 35 dB。因为电缆长度每增加 1 km，信号衰减 0. 8 dB，所以电缆敷设前应进行细致的规划，并画出电缆敷设图，尽量缩短电缆长度。这是因为每使用一个分支器、电缆接头信号分别衰减 14 dB、1 dB，所以应减少分支器和电缆接头的使用。

2. 通信电缆最好采用单总线方式敷设，即由统一的通信干线通过分支器接入 I/O 站，而不是呈星形或放射形敷设。同时，PLC 主机左右两边的 I/O 站数及传输距离应尽可能一致，以保证形成较好的网络阻抗。

3. 分支器应尽可能靠近 I/O 站，以减少干扰。

4. 通信电缆末端应接 75Ω 电阻的 BNC 电缆终端器，并与各 I/O 柜相连接，将电缆由 I/O 柜拆下时，带 75Ω 电阻的终端头应连在电缆网络的一头，以保持良好的匹配度。

5. 通信电缆与高压电缆间距至少应保证 40 cm/kV；当无法避免与高压电缆交叉时，应呈垂直交叉状。

6. 通信电缆应避免与交流电源线平行敷设，以减少交流电源对通信的干扰。同理，通信电缆应尽量避开大电机、电焊机、大电感器等设备。

7. 通信电缆敷设要避开高温及易受化学腐蚀的地区。

8. 电缆敷设时，考虑到电缆会热胀冷缩，要按 0.05%/℃ 预留一定长度的电缆。

9. 所有电缆接头、分支器等均应连接紧密。

10. 剥削电缆外皮时，切忌损坏屏蔽层；切断金属箔与绝缘体时，一定使用专用工具剥线，切忌损伤或损坏中心导线。

（二）系统接地问题的讨论

1. 主机及各分支站以上的部分应用 10 mm^2 的编织铜线汇接在一起，经单独引下线接至独立的接地网，并与低压接地网分开，以避免干扰。同时，PLC 系统的接地电阻应小于 4 Ω；为了起到保护作用，PLC 主机及各屏、柜与基础底座间要垫上 3 mm 厚的橡胶使之绝缘，螺栓也要经过绝缘处理。

2. I/O 站设备本体的接地应用单独的引下线引至共用接地网。

3. 通信电缆屏蔽层应在 PLC 主机侧 I/O 处理模块处一起汇集接到系统的专用接地网，在 I/O 站一侧则不应接地；电缆接头的接地也应通过电缆屏蔽层接至专用接地网。

4. 电源应采用隔离方式，即电源中性线接地。这样一来，当不平衡电流出现时，电流会经电源中性线直接进入 PLC 的中性点，从而避免对 PLC 造成干扰。

5. I/O 模块的接地接至电源中性线上。

第三节 PLC 的通信网络

一、PLC 的通信介质

通信介质就是在通信系统中位于发送端与接收端之间的物理通路。PLC 的通信介质一般可分为导向性介质和非导向性介质两类。导向性介质包括双绞线、同轴电缆和光纤等，这种介质将引导信号的传播方向；非导向性介质一般通过空气传播信号，包括短波、微波和红外线等，它不为信号传播引导方向。由于短波、微波和红外线通信在工厂实际应用时存在一定的阻碍，本节主要研究导向性介质。

（一）双绞线

1. 双绞线的定义

双绞线是计算机网络中最常用的一种传输介质，由一对相互绝缘的金属导线绞合而成，一般包含 4 个双绞线对。双绞线可以分为屏蔽双绞线和非屏蔽双绞线，非屏蔽双绞线有线缆外皮作为屏蔽层，适用于网络流量不大的场合中；屏蔽双绞线具有一个金属甲套，对电磁干扰具有非常弱的抵抗力，适用于网络流量较大的高速网络协议。

双绞线由具有绝缘保护层的 22～26 号绝缘铜导线相互缠绕而成。将两根绝缘的铜导线按一定密度互相绞在一起是为了降低信号的干扰，每一根导线在传输中辐射的电波会相互抵消。把一对或多对双绞线放在一个绝缘套管中便形成了双绞线电缆。在双绞线电缆内，不同线对有不同的扭绞长度，一般来说，双绞线的扭绞长度在 3.81～14 cm 内，并按逆时针方向扭绞，相邻线对的扭绞长度在 12.7 mm 以上。与其他传输介质相比，双绞线在传输距离、信道宽度和数据传输速度等方面均有一定的不足，但价格较为低廉。

在双绞线上传输的信号可以分为共模信号和差模信号。其中，差模信号包括在双绞线上传输的语音信号和数据信号；共模信号主要是外界的干扰，包括线对间的串扰、线缆周围的脉冲噪声或者附近广播的无线电电磁干扰等。在双绞线接收端，变压器及差分放大器会将共模信号作为无用的信号消除，将差模信号作为有用的信号处理。

2. 双绞线的特点

作为最常用的 PLC 通信介质，双绞线具有以下特点：

（1）能够有效地抑制串扰噪声

与早期用来传输电报信号的金属线路相比，双绞线使用共模抑制机制，这种机制不仅可以有效地消除外界噪声的影响，还能抑制其他线对的串音干扰。双绞线以较低的成本提高了电缆的传输质量。

（2）易于部署

线缆表面材质为聚乙烯等塑料，重量较轻，具有良好的阻燃性，而且内部的铜质电缆的弯曲度很好，可以在不影响通信性能的基础上进行较大幅度的弯曲。双绞线这种轻便的特征使其便于部署在应用 PLC 系统的各类场所中。

（3）传输速率高且利用率高

目前广泛部署的五类线至少提供 100 Mbps 的传输速度，并且有相当大的潜力可以继续挖掘。在电话线的 DSL 技术中，电话线可以同时进行语音信号和宽带数字信号的传输，而且两者互不影响，大大提高了线缆的利用率。

(4) 价格低廉

目前，双绞线已经具有相当成熟的制作工艺，无论是与光纤线缆还是与同轴电缆相比，双绞线都价格低廉且容易购买。因为双绞线的这种价格优势，它能够在不过多影响PLC 通信性能的前提下，有效地降低企业综合布线工程的成本，这也是其被广泛应用的一个重要原因。

(二) 同轴电缆

同轴电缆是局域网中最常见的传输介质之一，是由相互绝缘的同轴心导体构成的电缆：内导体为铜线，外导体为铜管或铜网。圆筒式的外导体套在内导体外面，两个导体间用绝缘材料互相隔离。外导体和内导体的圆心在同一个轴心上，同轴电缆因此而得名。同轴电缆之所以设计成这样，是为了将电磁场封闭在内外导体之间，减少辐射损耗、防止外界电磁波干扰信号的传输。

同轴电缆主要由四部分组成，分别为内导体、绝缘介质、外导体和防护层。同轴电缆以一根硬的铜线为中心，中心铜线又用一层柔韧的塑料绝缘介质包裹，塑料绝缘介质外面又有一片铜编织物或分届箔片包裹着，这层铜编织物或金属箔片相当于同轴电缆的第二根导线，最外面的是电缆的防护层。

目前得到广泛应用的同轴电缆主要有 50Ω 电缆和 75Ω 电缆两类。50Ω 电缆用于基带数字信号传输，因而又被称为“基带同轴电缆”，此类电缆中只有一个信道，数据信号采用曼彻斯特编码方式，数据传输速率可达 10 Mbps，主要用于局域以太网。75Ω 电缆是CATV 系统使用的标准，它既可用于传输宽带模拟信号，也可用于传输数字信号。对于模拟信号而言，此类电缆的工作频率可达 400 MHz，如果再使用频分复用技术，就能够扩大其信道，且每个信道都能传输模拟信号。

同轴电缆曾被广泛应用于局域网，它的主要优点如下：进行长距离数据传输时所需要的中继器较少；比非屏蔽双绞线贵，但比光缆便宜。即便如此，由于同轴电缆的外导体层须妥善接地，加大了安装的难度，其不再被广泛应用于 PLC 通信网络。

(三) 光纤

1. 光纤的定义及结构

光纤是一种传输光信号的传输媒介，其大致由纤芯、包层和外套三层组成。处于最内层的纤芯是一种横截面积很小、质地脆、易断裂的光导纤维，其制作材料既可以是玻璃也可以是塑料。纤芯的外层裹有一个包层，它由折射率比纤芯小的材料制成。正是由于纤芯与包层之间存在折射率，光信号才能以全反射的方式在纤芯中传播。在光纤的最外层是起保护作用的外套。实际生活中，为了便于保护，通常会将多根光纤扎成束，并裹以保护层制成多芯光缆。

2. 光纤的分类

按照不同的分类方式，光纤可以分为不同的类别。根据制作材料的不同，光纤可分为石英光纤、塑料光纤、玻璃光纤等；根据传输模式不同，光纤可分为多模光纤和单模光纤；根据纤芯折射率的分布不同，光纤可分为突变型光纤和渐变型光纤；根据工作波长的不同，光纤可分为短波长光纤、长波长光纤和超长波长光纤。

3. 光纤的特点

光纤在实际传输过程中，还应配置配套的光源发生器件和光检测器件。目前，最常见的光源发生器件是发光二极管（简称 LED）和注入型激光二极管（简称 ILD）。光检测器件是在接收端将光信号转化成电信号的器件，目前常用的光检测器件有光电二极管（简称 PD）和雪崩光电二极管（简称 APD）。

与一般的导向性通信介质相比，光纤的缺点是成本较高、不易安装与维护、质地脆易断裂等，但光纤的优点更明显，具体如下：

第一，光纤支持的带宽范围很广，大约在 1 014~1 015 MHz 之间，这一范围覆盖了红外线和可见光的频谱。

第二，光纤具有很快的传输速率。当前限制其传输速率的因素来自信号生成技术。

第三，光纤抗电磁干扰能力强。由于光纤中传输的是不受外界电磁干扰的光束，而光束本身又不向外辐射，它适用于长距离的信息传输以及对安全性要求较高的场合。

第四，光纤衰减较小，中继器的间距较大。采用光纤传输信号时，可以设置较少的信号放大设备，从而减少了整个系统中继器的数量。

二、PLC 的通信方式

当任意两台设备之间有信息交换时，它们之间就产生了通信。PLC 通信是指 PLC 与 PLC、PLC 与计算机、PLC 与现场设备或远程 I/O 之间的信息交换。

PLC 通信的任务就是将地理位置不同的 PLC、计算机、各种现场设备等，通过通信介质连接起来，按照规定的通信协议，以某种特定的通信方式高效地完成数据的传送、交换和处理工作。

（一）并行通信与串行通信

并行通信是以字节或字为单位的数据传输方式，除了 8 根或 16 根数据线和 1 根公共线之外，还需要数据通信联络用的控制线。并行通信的传送速度非常快，但是由于传输线的根数多，其成本较高，一般用于近距离的数据传送。并行通信一般用于 PLC 内部的数据通信，如 PLC 内部元件之间、PLC 主机与扩展模块之间或近距离智能模块之间的数据通信。

串行通信是以二进制的位（bit）为单位的数据传输方式，每次只能够传送一位，除了地线之外，在一个数据传输方向上只需要一根数据线，这根线既可以作为数据线，又可以作为通信联络控制线，数据和联络信号都在这根线上按位进行传送。串行通信需要的信号线很少，最少的只需要两三根信号线，比较适用于较远距离的数据传送。因为计算机和 PLC 都有通用的串行通信接口，所以在工业控制中一般会使用串行通信。串行通信常用于 PLC 与计算机之间、多台 PLC 之间的数据通信。

传输速率是评价通信质量的重要指标。在串行通信中，传输速率常用比特率（每秒传送的二进制位数）来表示，其单位是比特/秒（bit/s）或 bps。常用的标准传输速率有 300 bps、600 bps、1 200 bps、2 400 bps、4 800 bps、9 600 bps 和 19 200 bps 等，不同的串行通信的传输速率差别极大。

（二）单工通信、半双工通信和全双工通信

在数据通信中，PLC 数据在线路上的传送方式一共有 3 种，分别为单工通信、半双工通信和全双工通信。

单工通信方式只能沿单一方向发送或接收数据，即由 A 传到 B。双工通信方式的信息可沿两个方向传送，每一个站既可以发送数据，也可以接收数据，既可以由 A 传到 B，也可以由 B 传到 A。而双工通信方式又分为全双工通信方式和半双工通信方式两种类型。数据的发送和接收分别由两根或两组不同的数据线实现，而且通信的双方都能在同一时刻接收和发送信息，这种传送方式被称为“全双工通信方式”；数据在同一时刻一个信道既可以单方向传送，又可以沿两个方向传送，这种传送方式被称为“半双工通信方式”，又称“双向交替通信方式”。

在以上三种通信方式中，在构建 PLC 通信网络时常用的是半双工通信方式和全双工通信方式两种。在这两种通信方式中，半双工通信方式需要收发两端都有发送装置和接收装置。由于这种方式的信道方向会发生转换，其传输效率低、传输时间长，但也能够节约传输线路。运用半双工通信方式时，通信系统之所以会产生时间延迟，是因为每一端的发送器和接收器都是通过收/发开关转接到通信线上来切换方向的。

三、PLC 的通信形式

（一）基带传输

未对载波进行调制的等待传输的信号为基带信号，它所占频带为基带，通常基带

的高限频率和低限频率之比大于 1。基带传输是按照数字信号原有的波形（以脉冲形式）在信道上直接传输的方式，它要求信道具有较宽的频带。基带传输不需要调制解调，设备花费少，适用于较小范围的数据传输。基带进行传输时，通常要对数字信号进行编码，常用的数据编码方法包括不归零码、曼彻斯特编码和差分曼彻斯特编码等，后两种编码不含直流分量，包含时钟脉冲以便双方自同步，所以后两种编码的应用非常广泛。

把基带信号的频谱转移至比较高的频带（用基带信号对载波进行调制）再进行传输的方式为通带传输。PLC 选择基带传输还是通带传输，与信道适用频带有关。例如，计算机或脉码调制电话终端机输出基带信号，可以使用电缆作为基带传输，不用调制和解调载波的位置。与通带传输相较，基带传输具有设备较简单、线路衰减小的优点，能够延长传输距离。对于不适合基带信号直接传输的信道，可以在传输前调整脉冲信号。

适合于信道传输的码波形是通过码型变换装置转变信源数码而得来的。归零码、不归零码、传号差分码、双相码、交替传号反转码（简称 CMI）等是常用的传输码波形。

在不归零码、曼彻斯特编码和差分曼彻斯特编码的传输中，发送滤波器用以限制信号频带，避免对其他系统产生干扰，但是发送滤波器有时无法发挥作用。信道带来的噪声和干扰由收信端滤波器进行滤除。均衡器可以降低码间干扰程度，均衡信道变形。由于滤波器和信道都对频带有限制，接收滤波器输出的波形会发生变化。样值脉冲是采样判决电路每隔时间 T 对接收波形进行采样而得到的。样值比 0 大就判为“1”，比 0 小就判为“0”。准确地再生发信端信号所要满足的条件是，信道畸变和叠加噪声对样值的影响没有导致太大错误的产生；再将码型进行转变（有时的实现是与判决相结合）来恢复数码并送给信道，接近于将电话终端机使用计算机或脉码进行调制。

（二）频带传输

频带传输是一种采用调制解调技术的传输方式，通常由发送端采用调制手段，对数字信号进行某种变换，将代表数据的二进制“1”和“0”转换成具有一定频带范围的模拟信号，以便在模拟信道上传输。接收端通过调制手段进行相反变换，把模拟的调制信号复原为“1”和“0”。常用的调制方法有频率调制、振幅调制和相位调制。

具有调制、解调功能的装置为调制解调器，即 Modem。频带传输较复杂，传送距离较远，若通过市话系统配备 Modem，则可以应用于远距离的数据传送。

总的来说，在 PLC 通信中，基带传输和频带传输两种传输形式都是常见的数据传输方式，但是基带传输在实际应用中的频率更高。

四、PLC 的通信接口

（一）RS-232C 通信接口

RS-232 数据线接口简单方便，但是传输距离短，抗干扰能力差。为了弥补 RS-232 的不足，美国电子工业联合会于 20 世纪 60 年代末公布了 RS-232C 通信接口标准，该标准至今仍被广泛应用于计算机和其他相关设备的通信中。RS-232C 既可以用于计算机与计算机之间的通信，也可用于小型 PLC 与计算机之间的通信，如三菱 PLC 等。

当通信距离较近时，通信双方可以直接连接，在 RS-232C 通信中不需要控制联络信号，只需要 3 根线，即发送线（TXD）、接收线（RXD）和信号地线（ND），便可以实现全双工异步串行通信。计算机通过 TXD 端子向 PLC 的 RXD 发送驱动数据时，PLC 的 TXD 接收数据后返回到计算机的 RXD 数据端子保持数据通信。例如，三菱 PLC 的设计编程软件 FXGP/WINN-C 和西门子 PLC 的 STEP7-Micro/WIN32 编程软件可方便实现系统控制通信。以上两种 PLC 的工作方式简单，RXD 为串行数据接收信号，TXD 为串行数据发送信号，GND 接地连接线，其工作方式是串行数据从计算机 TXD 输出，PLC 的 RXD 端接收到串行数据同步脉冲，再由 PLC 的 TXD 端输出同步脉冲到计算机的 RXD 端，反复同时保持通信，从而实现全双工数据通信。

（二）RS-422A 通信接口

RS-422A 采用平衡驱动、差分接收电路，从根本上取消信号地线。平衡驱动器相当于两个单端驱动器，其输入信号相同，两个输出信号互为反向信号。外部输入的干扰号是以共模方式出现的，两根传输线上的共模干扰信号相同，因此接收器差分输入，共模信号可以互相抵消。只要接收器有足够的抗共模干扰能力，就能从干扰信号中识别出驱动器输出的有效信号，从而克服外部干扰影响。

（三）RS-485 通信接口

RS-485 是在 RS-422A 的基础上发展而来的。RS-485 的许多规定与 RS-422A 类似，RS-485 为半双工通信方式，只有一对平衡差分信号线，不能同时发送和接收数据。使用 RS-485 通信接口和双绞线可以组成串行通信网络。RS-485 采用半双工通信方式，数据可以在两个方向上传送，但是同一时刻只限于在一个方向上进行传送，可以由计算机端发送 PLC 端接收，也可以由 PLC 端发送计算机端接收。

RS-485 的主要特点如下：①传输距离远，一般为 1 200 m，实际可达 3 000 m，可用于远距离通信。②数据传输速率高，可达 10 Mbit/s；接口采用屏蔽双绞线传输。应用时注意平衡双绞线的长度与传输速率成反比。③接口采用平衡驱动器和差分接收器的组合，抗共模干扰能力增强，即抗噪声干扰性能好。④RS-485 接口在总线上允许连接最多 128 个收发器，即具有多站网络能力。需要注意的是，如果 RS-485 的通信距离大于 20 m，且出现通信干扰现象时，要考虑对终端匹配电阻的设置问题。

RS-485 由于性能优越被广泛用于计算机与 PLC 数据通信，除了普通接口通信之外，还有如下功能：一是作为 PPI 接口，用于 PG 功能、HMI 功能 TD200 OP S7-200 系列的 CPU/CPU 通信；二是作为 MPI 从站，用于主站交换数据通信；三是作为中断功能的自由可编程接口方式，用于同其他外部设备进行串行数据交换等。

第五章 电气自动化控制系统的设计思想及构成

第一节 电气自动化控制系统设计的功能和要求

现代生产设备是机械制造、电气控制、生产工艺等专业人员共同创造的产物，只有统筹兼顾制造、控制、工艺三者的关系，才能使整机的技术经济指标达到先进水平。电控系统是现代生产设备的重要组成部分，其主要任务是为生产设备协调运转服务。生产设备电气控制系统并不是功能越强、技术越先进就越好，而是以满足设备的功能要求以及设备的调试、操作是否方便，运行是否可靠作为主要评价依据。因此在满足生产设备的技术要求的前提下，电气控制系统应力求简单可靠，尽可能采用成熟的、经过实际运行考验的仪表和电器元件。而新技术、新工艺、新器件的应用，往往带来生产设备功能的改进、成本的降低、效率的提高、可靠性的增强以及使用的方便，但必须进行充分的调研、必要的论证，有时还应通过试验。

一、电气控制系统的设计与调试

电气控制系统设计的基本任务是根据生产设备的需要，提供电气控制系统在制造、安装、运行和维护过程中所需要的图样和文字资料。设计工作一般分为初步设计和技术设计两个阶段。电气控制系统制作完成后技术人员往往还要参加安装调试，直到全套设备投入正常生产为止。

（一）初步设计

参加设计工作的机械、电气、工艺方面的技术负责人应收集国内外同类产品的有关资料并进行分析研究。对于打算在设计中采用的新技术、新器件，在必要时还应进行试验，以确定它们是否经济适用。在初步设计阶段，对电气控制系统来说，应收集下列资料：

1. 设备名称、用途、工艺流程、生产能力、技术性能以及现场环境条件（如温度、湿度、粉尘浓度、海拔、电磁场干扰及震动情况等）。

2. 供电电网种类、电压等级、电源容量、频率等。

3. 电气负载的基本情况，如电动机型号、功率、传动方式、负载特性，对电动机启动、调速、制动等要求，电热装置的功率、电压、相数、接法等。

4. 需要检测和控制的工艺参数性质、数值范围、精度要求等。

5. 对电气控制的技术要求，如手动调整和自动运行的操作方法，电气保护及连锁设置等。

6. 生产设备的电动机、电热装置、控制柜、操作台、按钮站，以及检测用传感器、行程开关等元器件的安装位置。

上述资料实际上就是设计任务书或技术合同的主要内容。在此基础上，电气设计人员应拟订若干原理性方案及其预期的主要技术性能指标，估算出所需费用供用户决策。

（二）技术设计

根据用户确定采用的初步设计方案进行技术设计，主要有下列内容：

1. 给出电气控制系统的电气原理图。

2. 选择整个系统设备的仪表、电气元器件并编制明细表，详细列出名称、型号规格、主要技术参数、数量、供货厂商等。

3. 绘制电控设备的结构图、安装接线图、出线端子图和现场配线图（表）等。

4. 编写技术设计说明书，介绍系统工作原理、主要技术性能指标，以及对安装施工、调试操作、运行维护的要求。

上面叙述的设计过程是对需要组织联合设计的大中型生产设备而言，对已有的设备进行控制系统更新改造或小型设计项目而言，这个过程和内容可以适当简化。

（三）设备调试

电气控制设备在制造完成后应在出厂前进行全面的质量检查，并尽可能模拟实际工作条件来进行测试，直至消除所有的缺陷之后才能运到现场进行安装。安装接线完毕之后还要在严格的生产条件下进行全面调试，保证它们能够达到预期的功能，其中检测仪表、变频器等应列为重点，PLC 的控制程序更须进行验证，发现问题立即修改，直到正确无误为止。在调试过程中要做好记录，对已经更改了的电控系统设计图样和技术说明书的有关部分予以订正。设计人员参加现场调试，验证自己的设计是否符合客观实际，对积累工作经验、提高设计水平有十分重要的作用。

二、设计过程中应重视的几个问题

（一）制订控制系统技术方案的思路

在进行电控系统的设计时，首先要对项目进行分析：它是定值控制系统还是程序控制系统，或者两者兼而有之？对于定值控制系统，采用简单经济的位式调节还是采用连续调节方式？对于常见的单回路反馈控制系统，主要任务是选择合理的被控变量和操作变量，选择合适的传感变送器以及检测点，选用恰当的调节规律以及相应的调节器、执行器和配套的辅助装置，组成工艺上合理，技术上先进，操作方便，造价经济的控制系统。对于程序控制系统来说，通常采用继电器-接触器控制或 PLC 控制，选用规格适当的断路器、接触器、继电器等开关器件以及变频器、软启动器等电力电子产品，合理配置主令电器按钮、转换开关及指示灯等。控制线路设计一般应有手动分步调试、系统联动运行两种方式，努力做到安装调试方便，运行安全可靠。

（二）电控系统的元器件选型

电控系统的仪表、电器元件的选型直接关系到系统的控制精度、工作可靠性和制造成本，必须慎重对待，原则上应该选用功能符合要求、抗干扰能力强、环境适应性好、可靠性高的产品。国内外知名品牌很多，可选的范围很大，其中在已有的工程实践中经常使用、性能良好的产品应作为首选，其次为用户所熟悉或推荐的智能仪表、PLC、变频器、工控组态软件以及当地容易购置的电器产品也应在选用之列。总之，应从技术、经济等方面进行充分比较之后做出最终选择。

（三）电控系统的工艺设计

电控系统要做到操作方便、运行可靠、便于维修，不仅需要有正确的原理性设计，而且需要有合理的工艺设计。电气工艺设计的主要内容包括总体布置、分部（柜、箱、面板等）装配设计、导线连接方式等方面。

1. 总体布置

电控设备的每一个元器件都有一定的安装位置，有些元器件安装在控制柜中（如继电器、接触器、控制调节器、仪表等），有些元器件应安装在设备的相应部位上（如传感器、行程开关、接近开关等），有些元器件则要安装在操作面板上（如按钮、指示灯、显示器、指示仪表等）。对于一个比较复杂的电控系统，需要分成若干个控制柜、操作台、接线箱等，因而系统所用的元器件需要划分为若干组件，在划分时应综合考虑生产流程、调试、操作、维修等因素。一般来说，划分原则如下：

（1）将功能类似的元器件组合放在一起；

（2）尽可能减少组件之间的连线数量，将接线关系密切的元器件置于同一组件中；

（3）强弱电分离，尽量减少系统内部的干扰影响等。

2. 电气柜内的元器件布置

同一个电气柜（箱）内的元器件布置的原则如下：

（1）重量、体积大的器件布置在控制柜下部，以降低柜体重心；

（2）发热元器件宜安装在控制柜上部，以避免对其他器件有不良影响；

（3）经常需要调节、更换的元器件安装在便于操作的位置上；

（4）外形尺寸和结构类似的元器件放在一起，便于配接线和使外观整齐；

（5）电器元件布置不宜过密，要留有一定的间距，采用板前走线槽配线时更应如此。

3. 操作台面板

操作台面板上布置操作件和显示件，通常按下述规律布置：操作件一般布置在目视的前方，元器件按操作顺序由左向右、从上到下布置，也可按生产工艺流程布置，尽可能将高精度调节、连续调节、频繁操作的器件配置在右侧；急停按钮应选用红色蘑菇按钮并放置在不易被碰撞的位置；按钮应按其功能选用不同的颜色，既增加美观，又易于区别；操作件和显示件通常还要附有标示牌，用简明扼要的文字或符号说明它的功能。

显示器件通常布置在面板的中上部，指示灯也应按其含义选用适当的颜色。当显示器件特别是指示灯数量比较多时，可以在操作台的下方设置模拟屏，将指示灯按工艺流程或设备平面图形排布，使操作者可以通过指示灯及时掌握生产设备运行状态。

4. 组件连接与导线选择

电气柜、操作台、控制箱等部件进出线必须通过接线端子，端子规格按电流大小和端子上进出线数目选用，一般一只端子最多只能接两根导线，若将 2~3 根导线压入同一裸压接线端内时，可看作一根导线但应考虑其载流量。

电气柜、操作台内部配件应采用铜芯塑料绝缘导线，截面积应按其载流量大小进行选择，考虑到机械强度，控制电路通常采用 1.5 mm^2。以上的导线，单芯铜线不宜小于 0.75 mm^2，多芯软铜线不宜小于 0.5 mm^2，对于弱电线路，不得小于 0.2 mm^2。

另外，进行柜内配线时每根导线的两端均应有标号，例如：内部布线一般用黑色；黄、绿、红色分别表示交流电路的第一、第二、第三相；棕色和蓝色分别表示直流电路的正极、负极；黄-绿双色铜芯软线是安全用的接地线（PE 线），其截面积不得小于 2.5 mm^2。

（四）技术资料收集工作

要完成一个运行可靠、经济适用的电控系统设计，必须有充分的技术资料作为基础，技术资料可以通过多种途径获得。

1. 国内外同类设备的电控系统组成和使用情况等资料。

2. 有关专业杂志、书籍、技术手册等。

3. 参观电气自动化产品展览会时可从参展的国内外著名厂商处收集产品样本、价格表等资料。

4. 专业杂志上发表的产品广告以及新产品的信息。

5. 通过电话、传真或电子邮件等手段向生产厂家或代理商咨询，索取产品的说明书、价格表等资料。

6. 从生产厂家的网页上下载需要的技术资料。

7. 本单位已完成的电控设备全套设计图样资料，包括调试记录等。

一般来说，电气控制系统的设计工作实质上是控制元器件的“集成”过程。也就是说，对于市场上品种繁多、技术成熟、功能不一、价格不同的各种电控产品、检测仪表进行选择，找出最合适的若干器件组成电控系统，使它们能够相互配套、协调工作，成为一个性价比很高的系统，实现预期的目标。生产设备按期调试投产，安全高效运转，能够创造良好的经济效益。因此设计人员需要不断积累资料，总结经验，吸取有用的知识，既要熟悉国内外电气自动化产品的性能、价格和技术发展动态，又要了解所配套设备的生产工艺和操作方法，才能设计出性能优良、造价合理的电控系统。

第二节　电气自动化控制系统中的抗干扰设计

一、电磁干扰形成的条件

电磁干扰可以说是无孔不入，但就其传输耦合方式来讲不过有两种：一种是将空间作为传输媒介，即干扰信号通过空间耦合到被干扰的电子设备或电子系统中，这种耦合方式称为辐射耦合；另一种是将金属导线作为传输媒介，即干扰信号通过设备与设备或系统与系统之间的传输导线耦合到被干扰的电子设备或电子系统中。例如，两个电子设备或系统共用同一个电源网络，其中一个设备或系统产生的电磁干扰就会通过公共的电源线路耦合到另一个电子设备或系统中，这种耦合称为传导耦合。由此可知，电磁干扰的传输途径可分为两种，一种是辐射耦合途径，另一种是传导耦合途径。

电气自动化控制系统投入工业应用环境运行时，由于系统通过电网、空间与周围环境发生了联系而受到干扰，若系统抵御不住干扰的冲击，各电气功能模块将不能正常工作。微机系统往往会因干扰产生程序“跑飞”，传感器模块将会输出伪信号，功率驱动模块将会输出畸变驱动信号，使执行机构动作失常，凡此种种，最终导致系统产生故障，甚至瘫痪。因此，系统设计除功能设计、优化设计外，另一项重要任务是要完成系统的抗干扰设计。

电磁干扰的存在必须具备以下三个条件：

（一）电磁干扰源

指的是能产生电磁干扰（电磁噪声）的源体。电磁干扰源一般都具有一定的频率特性，其干扰特性可在频域内通过测试来获得。电磁干扰源所呈现的干扰特性可能有一定的规律，也可能没有规律，这完全取决于干扰源本身的性质。

（二）电磁干扰敏感体

是指能对电磁干扰源产生的电磁干扰有响应，并使其工作性能或功能下降的受体。一般情况下，敏感体也具有一定的频率特性，即在敏感的带宽内才能对电磁干扰产生响应。

（三）电磁干扰传播途径

是连接电磁干扰源与电磁干扰敏感体之间的传输媒介，起着传输电磁干扰能量的作用。电磁干扰传播途径主要有两种形式，一种是通过空间途径传播（辐射的形式），另一种是通过导电体（或导线）途径传播（传导的形式）。不管是电磁干扰源还是电磁干扰敏感体，它们都有各自的频率特性，当两者的频率特性相近或干扰源产生的干扰能量足够强，同时又有畅通的干扰途径时，人们所看到的干扰现象就会出现。

二、干扰源

为了提高电气自动化系统的抗干扰性能，首先要弄清干扰源。从干扰源进入系统的渠道来看，系统所受到的干扰源分为供电干扰、过程通道干扰、场干扰等。

（一）供电干扰

大功率设备（特别是大感性负载的启停）会造成电网的严重污染，使得电网电压大幅度涨落，电网电压的欠压或过压常常超过额定电压的±15%以上，这种状况有时长达几分钟、几小时甚至几天。由于大功率开关的通断、电动机的启停等原因，电网上常常出现几百伏甚至几千伏的尖峰脉冲干扰。由于我国采用高压（220 V）高内阻电网，所以电网污染严重，尽管系统采用了稳压措施，但电网噪声仍会通过整流电路窜入微机系统。据统计，电源的投入、瞬时短路、欠压、过压、电网窜入的噪声引起 CPU 误动作及数据丢失占各种干扰的 90%以上。

（二）过程通道干扰

在电气自动化控制系统中，有的电气模块之间需用一定长度的导线连接起来，如传感器与微机连接、微机与功率驱动模块连接。这些连线少则几条，多则千条。连线的长短为几米至几千米不等。通道干扰主要来源于长线传输（传输线长短的定义是相对于 CPU 的晶振频率而定的，当频率为 1MHz 时传输线长度大于 0. 5 m，频率为 4MHz 时传输线长度大于 0. 3 m，视其为长传输线）。当系统中有电气设备漏电，接地系统不完善，或者传感器测量部件绝缘不好时，都会在通道中直接窜入很高的共模电压或差模电；各通道的传输线如果处于同一根电缆中或捆扎在一起，则会通过分布电感或分布电容产生相互间的干扰。尤其是将 0~15 V 的信号线与交流 220 V 的电源线同处于一根长达几百米的管道内时，其干扰相当严重。这种电磁感应产生的干扰也在通道中形成共模或差模电压，有时这种通过感应产生的干扰电压会达几十伏以上，使系统无法工作。多路信号通常要通过多路开关和采样保持器进行数据采集后送入微机，若这部分的电路性能不好，幅值较大的干扰信号也会使邻近通道之间产生信号串扰。这种串扰会使信号产生失真。

（三）场干扰

系统周围的空间总存在着磁场、电场、静电场，如太阳及天体辐射电磁波，广播、电话、通信发射台辐射电磁波，周围中频设备（如中频炉、晶闸管变送电源、微波炉等）发出的电磁辐射等。这些场干扰会通过电源或传输线影响各功能模块的正常工作，使其中的电平发生变化或产生脉冲干扰信号。

三、提高系统抗电源干扰能力的方法

（一）配电方案中的抗干扰措施

抑制电源干扰首先从配电系统的设计上采取措施。交流稳压器用来保证系统供电的稳定性，防止电网供电的过压或欠压。但交流稳压器并不能抑制电网的瞬态干扰，一般需加一级低通滤波器。

高频干扰通过源变压器的初级与次级间的寄生耦合电容窜入系统，因此，在电源变压器的初级线圈和次级线圈间需加静电屏蔽层，把耦合电容分隔，使耦合电容隔离，断开高频干扰信号，能有效地抑制共模干扰。

电气自动化系统目前使用的直流稳压电源可分为常规线性直流稳压电源和开关稳压电源两种。常规线性直流稳压电源由整流电路、三端稳压器及电容滤波电路组成。开关稳压电源是采用反激变换储能原理而设计的一种抗干扰性能较好的直流稳压电源，开关电源的振荡频率接近 1 000 kHz，其滤波以高频滤波为主，对尖脉冲有良好的抑制作用。开关电源对来自电网的干扰的抑制能力较强，在工业控制微机中已被广泛采用。

分立式供电方案就是将组成系统的各模块分别用独立的变压、整流、滤波、稳压电路构成的直流电源供电，这样就减小了集中供电产生的危险性，而且也减少了公共阻抗的相互耦合以及公共电源的相互耦合，提高了供电的可靠性，也有利于电源散热。

另外，交流电的引入线应采用粗导线，直流输出线应采用双绞线，扭绞的螺距要小，并尽可能缩短配线长度。

（二）利用电源监视电路抗电源干扰

在系统配电方案中实施抗干扰措施是必不可少的，但这些措施仍难抵御微秒级的干扰脉冲及瞬态掉电，特别是后者属于恶性干扰，可能产生严重的事故。因此在系统设计时，应根据设计要求采取进一步的保护措施，电源监视电路的设计是抗电源干扰的一个有效方法。

目前市场提供的电源监视集成电路一般具有如下功能：

1. 监视电源电压瞬时短路、瞬间降压和微秒级干扰脉冲及掉电；
2. 及时输出供 CPU 接收的复位信号及中断信号；
3. 电压在 4. 5~4. 8V，外接少量电阻、电容就可调整监测的灵敏度及响应速度；
4. 电源及信号线能与微机直接相连。

（三）用 Watch dog 抗电源干扰

Watch dog 俗称“看门狗”，是微机系统普遍采用的抗干扰措施之一。它实质上是一个可由 CPU 监控复位的定时器。

在 Watch dog 的实现中，定时器时钟输入端 CLK 由系统时钟提供，其控制端接 CPU，CPU 对其设置定时常数，控制其启动。在正常情况下，定时器总在一定的时间间隔内被 CPU 刷新一次，因而不会产生溢出信号，当系统因干扰产生程序“跑飞”或进入死循环后，定时器因未能被及时刷新而产生溢出。由于其溢出信号与 CPU 的复位端或中断控制器相连，所以就会引起系统复位，使系统重新初始化，而从头开始运行，或产生中断，强迫系统进入故障处理中断服务程序，处理故障。

Watch dog 可由定时器以及与 CPU 之间适当的 I/O 接口电路构成，如振荡器加上可复位的计数器构成的定时器，各种可编程的定时计数器（Intel 8253、8254 的 CTC 等），单片机内部定时/计数器等。有些单片机（如 Intel 8096 系列）已将 Watch dog 制作在芯片中，使用起来十分方便。如果为了简化硬件电路，也可以用纯软件实现 Watch dog 功能，但可靠性差些。

四、电场与磁场干扰耦合的抑制

（一）电场与磁场干扰耦合的特点

在任何电子系统中，电缆都是不可缺少的传输通道，系统中大部分电磁干扰敏感性问题、电磁干扰发射问题、信号串扰问题等都是由电缆产生的。电缆之所以能够产生各种电磁干扰的问题，主要是因为其有以下几个方面的特性在起作用：

1. 接收特性

根据天线理论，电缆本身就是一条高效率的接收天线，它能够接收到空间的电磁波干扰，并且还能将干扰能量传递给系统中的电子电路或电子设备，造成敏感性的干扰影响。

2. 辐射特性

根据天线理论，电缆本身还是一条高效率的辐射天线。它能够将电子系统中的电磁干扰能量辐射到空间中去，造成辐射发射干扰影响。

3. 寄生特性

在电缆中，导线可以看成是互相平行的，而且互相靠得很紧密。根据电磁理论，导线与导线之间必然蕴藏着大量的寄生电容（分布电容）和寄生电感（分布电感），这些寄生电容和寄生电感是导致串扰的主要原因。

4. 地电位特性

电缆的屏蔽层（金属保护层）一般情况下是接地的。因此如果电缆所连接设备接地的电位不同，必然会在电缆的屏蔽层中引起地电流的流动。例如，当两个设备的接地线电位不同时，在这两个设备之间便会产生电位差，在这个电位差的驱动下，必然会在电缆屏蔽层中产生电流。由于屏蔽层与内部导线之间有寄生电容和寄生电感存在，因此屏蔽层上流动着的电流完全可以在内部导线上感应出相应的电压和电流。如果电缆的内部导线是完全平行的，感应出的电压或电流大小相等、方向相反，在电路的输入端互相抵消，不会出现干扰电压或干扰电流。但是，实际上电缆中的导线并不是绝对平行的，而且所连接的电路通常也都不是平衡的，这样就会在电路的输入端产生干扰电压或干扰电流。这种因地线电位不一致所产生的干扰现象，在较大型的系统中是常见的。

下面介绍一下电磁屏蔽技术的意义。

增加干扰源和干扰敏感体之间的距离是抑制（消除）干扰耦合比较好的方法。但是在实际中，采用这种方法会受到一定的限制。在这种情况下，就要应用另外一种技术，即电磁屏蔽技术。电磁屏蔽技术是将干扰信号抑制或消除在干扰信号的传输通道中，达到保护被干扰对象，使其免受干扰影响的目的。电磁屏蔽一般采用金属线编织成的金属网将干扰源或干扰敏感体包围在其中以达到抑制干扰的目的。这里为了叙述方便起见，要将屏蔽网看成实心的屏蔽层。对于屏蔽技术来讲，它可以应用于干扰源，也可以应用于干扰敏感体或应用于干扰传输通道，其屏蔽效果是完全相同的。

对于干扰源与干扰敏感体来讲，两者的屏蔽传输衰减函数是互易的。对于多个干扰源和多个干扰敏感体共存的系统来讲，对干扰源采取屏蔽措施还是对干扰敏感体采取屏蔽措施要根据具体的实际情况来确定。为了降低整个系统的成本费用，选择对干扰源或干扰敏感体数量较少的一方采取屏蔽措施是比较稳妥的方法。

屏蔽技术多种多样，就其基本原理来讲都是利用导电性能良好的金属作为屏蔽层，形成一种电磁场防护罩。在实际使用中，屏蔽罩必须有良好的接地措施，只有这样才能有效地抑制电磁辐射干扰和耦合干扰。同时还可以有效地抑制外部环境中的电磁干扰噪声对屏蔽罩内的电子系统或设备产生的干扰影响。

屏蔽技术其实就是切断电磁噪声的传输途径。如果是以防止向外界辐射电磁噪声干扰为目的，则应对噪声源采取屏蔽措施。如果是以防止敏感体受外界电磁噪声干扰为目的，则应对干扰敏感体采取屏蔽措施。电磁噪声是以“场”的形式沿空间传输的，通常有近场和远场之分，近场又分为电场（容性场）和磁场（感性场）两种。电场的场源表现特性是高电压、小电流，而磁场的场源表现特性是低电压、大电流。另外，如果干扰源与干扰敏感体之间的距离远远大于干扰噪声信号波长的四分之一，则干扰源产生的场就是远场。远场又称为电磁场，顾名思义，远场的电场和磁场是分不开的，电场与磁场之间保持着波阻抗的关系。当电缆采取有效的屏蔽措施以后，屏蔽层能很好地抑制容性干扰耦合和感性干扰耦合的影响。

（二）电场与磁场干扰耦合的抑制

1. 电场干扰耦合等效电路分析

电场干扰耦合又称为容性干扰耦合。我们知道，平行导线间存在电场（容性）干扰耦合，利用电路理论可以分析电场干扰耦合的一些特点。这里主要讨论电场干扰耦合的抑制问题。为了能比较清楚地说明问题，仍然采用两平行导线结构。在讨论中，假设只对干扰源回路采取屏蔽措施，而干扰敏感体回路未采取屏蔽措施，可以看出，干扰源回路对干扰敏感体回路的电场耦合可分为两部分，一部分是干扰源回路导线对屏蔽层之间的耦合电容，另一部分是干扰源回路屏蔽层对地的耦合电容。

对于干扰源回路或干扰敏感体回路，不管在哪一方采用屏蔽措施，其原理都是相同的。屏蔽层能起到屏蔽的作用，屏蔽层接地是必要的条件。应该指出，如果屏蔽层不采取接地措施，则有可能造成比不采用屏蔽措施时更大的电场干扰耦合。因为采用屏蔽措施后，被屏蔽的屏蔽体的有效截面积要比不采用屏蔽措施时的有效截面积大得多，造成屏蔽体与其他导线之间的距离减小，使得耦合电容增大，因此产生的干扰耦合量也就随之增加。

2. 屏蔽层本身阻抗特性的影响

屏蔽层阻抗是沿着屏蔽层纵向分布的，只有在频率较低或屏蔽层纵向长度远远小于传输信号波长的 1/16 时，才能忽略屏蔽层本身阻抗特性的影响，在低频或屏蔽层纵向长度不长时，采用单点接地技术较为适合。

当信号频率很高或屏蔽层纵向长度接近或大于传输信号波长的 1/16 时，屏蔽层本身的纵向阻抗特性就不能被忽略。如果这时屏蔽层仍然采用单点接地技术，那么单点接地将迫使干扰耦合电流流过较长距离后才能入地，结果使干扰电流在屏蔽层纵向方向上产生电压降，形成屏蔽层在纵向方向上的各点电位不相同，这样不仅影响了屏蔽效果，而且由于各点电位不相同还会产生新的附加干扰耦合。为了使屏蔽层在纵向方向上尽可能地保持等电位，当频率较高或屏蔽层纵向较长时，应在每间隔 1/16 信号波长的距离处接地一次。

在接地技术实施过程中，应注意每一个细节问题，否则会留下难以处理的后患。在这里要特别注意一个非常容易被忽视的接地技术问题。在实际的接地施工中，常常是将屏蔽层与被屏蔽的导线分开后，再将屏蔽层接地。此操作是将屏蔽层扭绞成一个辫子形状的粗导线后再接地，而这个辫子形状的粗导线很容易产生寄生（分布）电感。寄生电感对屏蔽层的屏蔽性能有着极为不利的影响，这种影响称为“猪尾”效应。

另外，还有一种不利于提高屏蔽性能的情况，这种情况在实际工程中也很容易被忽视，那就是在屏蔽电缆与设备或系统的接入点处，如果屏蔽层的长度过短，屏蔽电缆留出的芯线又过长，暴露在屏蔽层之外的电缆芯线得不到屏蔽层的保护会使得整个电缆的电场屏蔽性能降低。

综上所述，要想提高屏蔽层的电场屏蔽效能，除了屏蔽层应有良好的接地之外，还应尽量减小导线（电缆芯线）暴露在屏蔽层之外的长度。

在许多实际应用中，例如金属探测器和无线电方向指示器，只希望对电场进行屏蔽而不希望对磁场进行屏蔽，那么只要将屏蔽层单点接地就可以满足上述要求。因为屏蔽层单点接地不能构成电流回路，从而破坏了屏蔽磁场条件，所以说单点接地不能达到屏蔽磁场的目的，这种屏蔽技术称为“法拉第”屏蔽技术。

五、几种接地技术

接地从字面上看是一件十分简单的事情，但是对于从事电磁干扰的人来说，接地可能是一件非常复杂且难处理的事情。实际上在电子电路设计中，接地也是极难的技术之一。面对一个系统，没有一个人能够提出一个完全正确的接地方案，这是因为接地没有一个系统的理论或模型。当在考虑接地时，设计者只能依靠过去的经验或从书中得到的知识来处理接地问题。接地又是一个十分复杂的问题，在一个场合可能是一个很好的设计方案，但在另一个场合就不一定是好的。接地设计的好坏在很大程度上取决于设计者对“接地”这个概念理解程度的深浅和设计经验丰富与否。接地的方法很多，具体采用哪一种方法稳妥要取决于系统的结构和功能。下面给出几种在电子系统中经常采用的接地技术，这些技术来源于已经被验证成功的经验。

（一）单点接地

单点接地是为许多连接在一起的不同电路提供一个公共电位参考点，这样不同种类电路的信号就可以在电路之间传输。若没有一个公共参考点，传输的信号就会出现错误。单点接地要求每个电路只接地一次，并且全部接在同一个接地点上。该点常常作为地电位参考点。由于只存在一个参考点，因此有的电路的接地线可能会拉得很长，增加了导线的分布电感和分布电容，因此在高频电路中不宜采用单点接地的方法。另外，因为单点接地在各电路中不存在地回路，所以能有效降低或抑制感性耦合干扰。

（二）多点接地

在多点接地结构中，设备内电路都以机壳为参考点，而各个设备的机壳又都以地为参考点。这种接地结构能够提供较低的接地阻抗，而且每条地线的长度都可以很短——由于多根导线并联能够降低接地导体的总电感，因此在高频电路中必须使用多点接地，并且要求每根接地线的长度小于信号波长的 1/16。

（三）混合单点接地

混合单点接地既包含了单点接地的特性，又包含了多点接地的特性。例如，系统内的电源需要单点接地，而高频或射频信号又要求多点接地，这时就可以采用混合单点接地的方法。这种接地方法的缺点是接地导线有时较长，不利于高频或射频电路所要求的接地性能，这种方法适用于板级电路的模拟地和数字地的接地方式。如果多点接地与设备的外壳或电源地相连接，并且设备的物理尺寸或连接电缆长度与干扰信号的波长相比很长，就存在通过机壳或电缆的作用产生干扰的可能性。

（四）混合多点接地

这种接地方法不仅包含了单点接地特性，也包含了多点接地特性，是经常采用的一种接地方法。为了防止系统与地之间的互相影响，减小地阻抗之间的耦合，接地层的面积越大越好。由于采用了就近接地，接地导线可以很短，这样不仅降低了接地阻抗，同时还减小了接地回路的面积，有利于抑制干扰耦合的现象发生。

使用交流电供电的设备必须将设备的外壳与安全地线进行连接，否则当设备内的电源与设备外壳之间的绝缘电阻变小时，会导致电击伤害人身安全的事故。对于内部噪声和外部干扰的抑制，需要在设备或系统上有许多点与地相连，主要是为干扰信号提供一个“最低阻抗”的旁路通道。

设备的雷电保护系统是一个能够泄放掉大电流的接地系统，它主要由接闪器（避雷针）、下引线和接地网体组成。雷电接地系统常常要与电源参考地线或安全地线连接，形成一个等电位的安全系统，接地网体的接地电阻应足够小（一般为几欧姆），这里应该指出，一般对接地的设计要求是指对安全和雷电防护的接地要求，其他接地要求均包含在对系统或设备的功能性设计要求中。

（五）接地的一般性原则

对于低频电路接地的问题，应坚持一点接地的原则，而在一点接地的原则中，又有串联接地和并联接地两种。单点接地是为许多接在一起的电路提供共同的参考点，其中并联单点接地最为简单、实用，这种接地没有各电路模块之间的公共阻抗耦合的问题。每一个电路模块都接到同一个单点接地上，地线上不会出现耦合干扰电流。这种接地方式一般在1 MHz以下的工作频率段内能工作得很好，随着使用信号频率的升高，接地阻抗会越来越大，电路模块上会产生较大的共模干扰电压。因此，单点接地不适合高频电路模块的接地设计。

对于工作频率较高的模拟电路和数字电路而言，由于各个电路模块或电路中的元器件引线的分布电感和分布电容，以及电路布局本身的分布电感和分布电容都将会增加接地线的阻抗，因此低频电路中广泛采用的单点接地方法，若在高频电路中继续使用的话，非常容易造成电路间的互相耦合干扰，从而使电路工作出现不稳定等现象。为了降低接地线阻抗和接地线间的分布电感和分布电容所造成的电路间互相耦合干扰的概率，高频电路宜采用就近接地，即多点接地的原则，将各电路模块中的系统地线就近接到具有低阻抗的地线上。一般来说，当电路的工作频率高于10 MHz时，应采用多点接地的方式。高频接地的关键技术就是尽量减小接地线的分布电感和分布电容，所以高频电路在接地的实施技术和方法上与低频电路是有很大区别的。

当一个系统中既有低频电路又有高频电路（这是常有的情况）时，应该采用混合接地的原则。系统内的低频部分需要单点接地，而高频部分需要多点接地。一般情况下，可以把地线分成三大类，即电源地、信号地和屏蔽地。所有电源地线都接到电源总地线上，所有的信号地线都接到信号总地线上，所有的屏蔽地线都接到屏蔽总地线上，最后将三大类地线汇总到公共的地线上。

接地问题是一个从表面上看似很简单，但实质上却很复杂的系统工程。良好的接地系统设计，不仅可以有效地抑制外来电磁干扰的侵入，保证设备和系统安全、稳定、可靠地运行。而且还能抑制向外界大自然环境泄漏电磁噪声和释放电磁污染。如果接地系统设计不够理想，不仅不能有效地抑制来自外界的电磁干扰，使设备和系统工作紊乱，同时还会向外界大自然环境中泄漏电磁干扰和释放电磁污染，危害自然环境。因此，对于接地系统的设计问题，必须给予足够的重视，从系统工程的角度出发研究和解决电子电气设备的接地问题。

六、过程通道干扰措施

抑制传输线上的干扰，主要措施有光电隔离、双绞线传输、阻抗匹配以及合理布线等。

（一）光电隔离的长线浮置措施

利用光电耦合器的电流传输特性，在长线传输时可以将模块间两个光电耦合器件用连线“浮置”起来。这种方法不仅有效地消除了各电气功能模块间的电流流经公共地线时所产生的噪声电压互相干扰，而且有效地解决了长线驱动和阻抗匹配问题。

（二）双绞线传输措施

在长线传输中，双绞线是较常用的一种传输线，与同轴电缆相比，虽然频带较窄，但阻抗高，降低了共模干扰。由双绞线构成的各个环路，改变了线间电磁感应的方向，使其相互抵消，因此对电磁场的干扰有一定的抑制效果。

在数字信号的长线传输中，根据传输距离不同，双绞线使用方法也不同。当传输距离在 5 m 以下时，收、发两端应设计负载电阻，若发射侧为 OC 门输出，接收侧采用施密特触发器能提高抗干扰能力。

对于远距离传输或传输途经强噪声区域时，可选用平衡输出的驱动器和平衡接收的接收器集成电路芯片，收、发信号两端都有无源电阻。选用的双绞线也应进行阻抗匹配。

（三）长线传输的阻抗匹配

长线传输时，若收、发两端的阻抗不匹配，则会产生信号反射，使信号失真，其危害程度与传输的频率及传输线长度有关。为了对传输线进行阻抗匹配，首先要估算出它的特性阻抗。

（四）长线的电流传输

长线传输时，用电流传输代替电压传输，可获得较好的抗干扰能力。例如，以传感器直接输出 0~10 mA 电流在长线上传输，在接收端可并联上 500 Ω（或 1 kΩ）的精密金属膜电阻，将此电流转换为 0~5 V（或 0~10 V）的电压，然后送入 A/D 转换通道。

（五）传输线的合理布局

1. 强电馈线必须单独走线，不能与信号线混扎在一起。

2. 强信号线与弱信号线应尽量避免平行走线，在条件允许的场合下，应努力使两者正交。

3. 强、弱信号平行走线时，线间距离应为干扰线内径的 40 倍。

七、模拟信号的线性光耦隔离

现代电子电气测量、控制中，常常需要用低压电器去测量、控制高电压、强电流等模拟量，如果模拟量与数字量之间没有电气隔离，那么高电压、强电流很容易窜入低压器件，并将其烧毁。线性光耦可以较好地实现模拟量与数字量之间的隔离。此处以线性光耦器件 HCNR 200 为例。

HCNR 200 光电耦合器是由 3 个光电元件组成的器件，主要技术指标如下：

1. 具有±0. 05%的最大线性误差，具有最大±15%的传输增益偏差。

2. 具有较宽的带宽，从直流到 1 MHz 以上。

3. 绝缘电阻高达 1 013 Ω，输入和输出回路之间的分布电容为 0. 4 pF。

4. 耐压能力为 5 000 V/min，最大绝缘工作电压为 1 000 V，具有 0~15 V 的输入/输出电压范围。

八、空间干扰抑制

空间电磁辐射干扰的强度虽然小于传导型干扰，但因为系统中的传输线以及电源线都具有天线效应，不但能吸收电磁波产生干扰电动势，而且能自身辐射能量，形成电源线及信号线之间的电场和磁场耦合。防止空间干扰的主要方法是屏蔽和接地，要做到良好屏蔽和正确接地，需注意以下问题：

1. 消除静电干扰最简单的方法是把感应体接地，接地时要防止形成接地环路。

2. 为了防止电磁场干扰，可采用带屏蔽层的信号线（绞线型最佳），并将屏蔽层单端接地。信号少时采用双绞线，5 对以上信号线尽量采用同轴电缆传送，建议选用通信用塑料电缆，因为这种电缆是按照抗干扰要求设计制造的，对于抗电磁辐射、线间分布电容及分布电感均有相应的措施。短距离传送可以用扁平电缆，但为了提高抗干扰能力，应将扁平电缆中的部分线作为备用线接地。

3. 不要把导线的屏蔽层当作信号线或公用线来使用。

4. 在布线方面，不要在电源电路和检测、控制电路之间使用公用线，也不要在模拟电路和数字脉冲电路之间使用公用线，以免互相串扰。

九、软件抗干扰技术

各种形式的干扰最终会反映在系统的微机模块中，导致数据采集误差、控制状态失灵、存储数据被篡改以及程序运行失常等后果，虽然在系统硬件上采取了上述多种抗干扰措施，但仍然不能保证万无一失，因此，软件抗干扰措施的研究越来越受到人们的重视。

（一）实施软件抗干扰的必要条件

软件抗干扰属于微机系统的自身防御行为。采用软件抗干扰的必要条件包括：

1. 在干扰的作用下，微机硬件部分以及与其相连的各功能模块不会受到任何损毁，或易损坏的单元设置有监测状态可查询。

2. 系统的程序及固化常数不会因干扰的侵入而变化。

3. RAM 区中的重要数据在干扰侵入后可重新建立，并且系统重新运行时不会出现不允许的数据。

（二）数据采样的干扰抑制

1. 抑制工频干扰

工频干扰侵入微机系统的前向通道后，往往会将干扰信号叠加在被测信号上，特别当传感器模拟量接口是小电压信号输出时，这种串联叠加会使被测信号被淹没。要消除这种串联干扰，可使采样周期等于电网工频周期的整数倍，使工频干扰信号在采样周期内自相抵消。实际工作中，工频信号频率是变动的，因此采样触发信号应采用硬件电路捕获电网工频，并发出工频周期的整数倍的信号输入微机。微机根据该信号触发采样，这样可提高系统抑制工频串模干扰的能力。

2. 数字滤波

为消除变送通道中的干扰信号，在硬件上常采取有源或无源 RLC 滤波网络实现信号频率滤波。微机可以用数字滤波模拟硬件滤波的功能。

（1）防脉冲干扰平均值滤波

前向通道受到干扰时，往往会使采样数据存在很大的偏差，若能剔除采样数据中个别错误数据，就能有效地抑制脉冲干扰。采用“采四取二”的防脉冲干扰平均值滤波的方法，在连续进行 4 次数据采样后，去掉其中最大值和最小值，然后求剩下的 2 个数据的平均值。

（2）中值滤波

对采样点连续采样多次，并对这些采样值进行比较，取采样数据的中间值作为采样的最终数据。这种方法也可以剔除因干扰产生的采样误差。

（3）一阶递推数字滤波

这种方法是利用软件实现 RC 低通道滤波器的功能，能很好地消除周期性干扰和频率较高的随机干扰，适用于对变化过程比较慢的参数进行采样。一阶递推滤波的计算公式为

$$y_n = ax_n + (1-a)y_{n-1} \quad \text{（式 5-1）}$$

式中，a 为与数字滤波器的时间常数有关的系数，a =采样周期/（滤波时间常数+采样周期）；x_n 为第 n 次采样数据；y_n 为第 n 次滤波输出数据（结果）。

a 取值越大，其截止频率越高，但它不能滤除频率高于采样频率二分之一（奈奎斯特频率）的干扰信号。对于高于奈奎斯特频率的干扰信号，应该用硬件来滤除。

3. 宽度判断抗尖峰脉冲干扰

若被测信号为脉冲信号，由于在正常情况下，采样信号具有一定的脉冲宽度，而尖峰干扰的宽度很小，因此可通过判断采样信号的宽度来剔除干扰信号。首先对数字输入口采样，等待信号的上升沿到来（设高电平有效），当信号到来时，连续访问输入口 n 次，若 n 次访问中，该输入口电平始终为高，则认为该脉冲有效。若 n 次采样中有不为高电平的信号，则说明该输入口受到干扰，信号无效。这种方法在使用时，应注意 n 次采样时间总和必须小于被测信号的脉冲宽度。

4. 重复检查法

这种方法是一种容错技术，是通过软件冗余的办法来提高系统的抗干扰特性，适用于缓慢变化的信号抗干扰处理。因为干扰信号的强弱不具有一致性，因此，对被测信号多次采样，若所有采样数据均一致，则认为信号有效，若相邻两次采样数据不一致，或多次采

样的数据均不一致，则认为是干扰信号。

5. 偏差判断法

有时被测信号本身在采样周期内产生变化，存在一定的偏差（这往往与传感器的精度以及被测信号本身的状态有关）。这个客观存在的系统偏差是可以估算出来的。当被测信号受到随机干扰后，这个偏差往往会大于估算的系统偏差，可以据此来判断采样是否为真。其方法是：根据经验确定两次采样允许的最大偏差 Δx 。若相邻两次采样数据相减的绝对值 $\Delta y > \Delta x$ ，表明采样值 x 是干扰信号，应该剔除，而用上一次采样值作为本次采样值；若 $\Delta y \leqslant \Delta x$ ，则表明被测信号无干扰，本次采样有效。

（三）程序运行失常的软件抗干扰措施

系统因受到干扰侵害致使程序运行失常，是由于程序指针 P 被篡改。当程序指针指向操作数，将操作数作为指令码执行时，或程序指针值超过程序区的地址空间，将非程序区中的数据作为指令码执行时，都将造成程序的盲目运行，或进入死循环。程序的盲目运行，不可避免地会盲目读/写 RAM 或寄存器，而使数据区及寄存器的数据发生篡改。对程序运行失常采取的对策包括：

1. 设置 Watch dog 功能，由硬件配合，监视软件的运行情况，遇到故障进行相应的处理。

2. 设置软件陷阱，当程序指针失控而使程序进入非程序空间时，在该空间中设置拦截指令，使程序避入陷阱，然后强迫其转入初始状态。

十、铁氧体插损器

（一）铁磁性材料（铁氧体）特性

在抑制电磁波辐射干扰时，经常利用铁磁性材料的特性来达到抗干扰设计的要求，用得最多的一种铁磁性材料就是铁氧体材料。铁氧体材料常常被制作成各种各样的屏蔽腔体或屏蔽构件，以达到抑制干扰的设计要求。铁氧体材料最重要的特性就是它的复磁导率特性。复磁导率与铁氧体材料的阻抗有着非常紧密的联系。铁氧体材料的应用范围主要有以下三个方面：

1. 低电平信号系统中的干扰抑制。

2. 电源系统中的干扰抑制。

3. 电磁辐射干扰的抑制。

不同的应用对铁氧体材料的特性以及铁氧体的形状有着不同的要求。在低电平信号的应用中，要求的铁氧体材料的特性由磁导率来决定，并且铁氧体材料的损耗越小越好，同时还要求其具有良好的磁稳定性，也就是说，随时间和温度的变化，铁氧体的磁特性变化越小越好。这种铁氧体的应用范围有：高电荷量（Q）的电感器、共模电感器、宽带匹配脉冲变压器、无线电发射天线、有源发射机和无源发射机。

在电源系统应用方面，要求铁氧体材料在工作频率和温度特性上，具有很高的磁通密度和很低的磁损耗特点。在这方面的应用范围包括开关电源、磁放大器、DC-DC 变换器、电源小型滤波器、触发式线圈和用于车载电源蓄电池充电装置中的变压器。

（二）磁导率对电磁干扰的影响

在应用铁氧体抑制电磁干扰方面，对铁氧体性能影响最大的是铁氧体材料的磁导率特性。磁导率与铁氧体本身的特性阻抗有着密切的关系，它们之间存在着正比关系。铁氧体一般通过 3 种方式来抑制传导或辐射电磁干扰。

第 1 种方式，是将铁氧体制成实际的屏蔽层来将导体、元器件或电路与周围环境中的杂散干扰电磁场隔离开，但这种方式不常用。第 2 种方式，是将铁氧体用作电容器，形成低通滤波器的特性。在低频段提供衰减较小的感性-容性通路，而在较高的频段范围内衰减较大，这样就抑制了较高频段范围内的电磁干扰。第 3 种方式，也是最常用的一种应用方式，就是将铁氧体制成铁氧体芯，单独安装在元器件的引线端或电路板上的输入/输出引线上，以达到抑制辐射干扰的目的。在这种应用中，铁氧体芯能够抑制任何形式的寄生电磁振荡、电磁感应、传导辐射等在元器件引线端或与电路板相连的电缆芯线中的干扰信号。

在第 2 种和第 3 种方式的应用中，就是利用铁氧体芯能够消除或衰减出现在源端的电磁干扰的高频电流，达到抑制传导或辐射干扰的目的。铁氧体材料具有在高频段能够提供足够高的高频阻抗来减小高频干扰电流这一特性。从理论上来讲，较为理想的铁氧体能够在高频段范围内提供较高阻值的阻抗，而在其他频段上提供低值阻抗。但是在实际中，铁氧体芯的阻抗值是随着频率变化而变化的，一般情况下，在低频段范围内（低于 1 MHz 以下），不同材料的铁氧体，给出的最高阻抗值在 50~300 Ω 之间。在频率范围为 10 M~100 MHz，会出现更高的阻抗值。

铁氧体的复磁导率参数是一个非常重要的参数，它的大小直接影响着铁氧体材料抑制电磁干扰性能的好坏。为了研究问题方便，同以往的电压、电流参数一样，使用复参量来表示磁导率更为实际，称为复磁导率。材料的复磁导率由两部分组成，即实部和虚部。用 μ' 代表实部，它的变化与磁场变化保持同相；μ'' 代表虚部，它的变化与磁场变化保持反相。所谓同相是指磁感应强度 B 与磁场强度 H 能够同时达到最大值和最小值，即保持同相；反相是指磁感应强度与磁场强度的相位相差 90°。

复磁导率的实部和虚部可以表示为串联形式和并联形式，分别用 $\mu s'$、$\mu s''$ 和 $\mu p'$、$\mu p''$ 表示。复磁导率是频率的函数，初始磁导率为125的镍锌铁氧体。在临界频率以下时，随着频率的增加，磁导率的实部为常数；当频率超过临界频率以后，磁导率的实部随频率升高迅速降低。磁导率的虚部先随频率的升高而增加，当达到临界频率后，与 $\mu s'$ 一同下降。$\mu s'$ 的这种下降，是由自旋共振铁磁谐振现象而引起的。值得注意的是，磁导率越大的铁氧体材料发生自旋共振的频率值越低。

当铁氧体材料用于低电平信号系统和低功率电源系统时，所涉及的频率参数都低于上述频率值，因此，应用在低电平信号系统和低功率电源系统方面时，很少讨论铁氧体磁导率和磁损耗等参数。当应用在高频环境中时，例如，用于抑制电磁干扰方面，就必须给出铁氧体磁导率或磁损耗的频率特性参数。

（三）铁氧体的特性阻抗

在大多数情况下，由于测量复磁导率值非常困难，而测量阻抗却非常容易，因此在抑制电磁干扰方面常常给出铁氧体的特性阻抗参数。因为铁氧体材料的特性阻抗也是频率的函数，所以只在几个频率点上给出特性阻抗值是不能全面反映出材料的频率特性的，同时只有复阻抗矢量的标量幅值而没有相位值也是不够的。为了完整地反映出铁氧体材料的特性，必须知道材料的复阻抗的幅值和相角参数。在选用铁氧体材料时，应预先知道下面几个方面的内容：

1. 干扰信号的频率范围及功率大小。
2. 电磁干扰源（辐射源或传导源）的性质。
3. 工作条件或工作环境。
4. 系统中连接器或滤波器周围存在多个回路和器件引线引脚时，是否需要高阻抗。
5. 电路输入和输出阻抗、电源和负载等。
6. 工作时应考虑的衰减量。
7. 系统中可用的空间。

根据上述条件，在设计阶段就可以在相关的频率点上确定铁氧体材料的复磁导率值，同时还要注意环境温度和电磁场强度的影响，最后，确定铁氧体材料的几何形状及应有电抗值和阻抗值。下面给出用磁导率来表示铁氧体材料阻抗的表达式：

$$Z = j\omega(\mu' - j\mu'')L_0 \qquad \text{（式 5-2）}$$

式中，μ' 为复磁导率的实部，μ'' 为复磁导率的虚部，j 为虚部矢量，L_0 为铁氧体材料空心时的电感量。

铁氧体材料的阻抗也可以看作感抗 X_L 和损耗阻抗 R_s 的串联形式。它们都与频率有着密切的关系：

$$Z = R_s + j\omega L_s \qquad \text{（式 5-3）}$$

式中，R_s 为损耗阻抗的总和。$R_s = R_M + R_E$，R_M 代表磁损耗等效阻抗，R_E 代表电损耗等效阻抗。

在低频段的范围内，铁氧体材料的阻抗主要是电感抗。随着频率的升高，电感抗随之增加，阻抗增加，插入损耗增加。电感抗与材料复磁导率的实部成正比，而损耗阻抗与复磁导率的虚部成正比。如果知道了不同铁氧体的复磁导率值，那么就可以比较各种铁氧体材料的特性，以选择出在所用的频率范围内最适合的铁氧体材料。在确定了铁氧体材料后，再选择最佳的铁氧体材料的外形几何尺寸，使之达到设计的需要。

从上面的研究中可知，铁氧体材料阻抗是抑制电磁干扰的主要参数，但是最终常常需要知道在现有阻抗值情况下的衰减量是多少。阻抗与衰减量之间的关系为

$$L_s = 20\log\frac{Z_s + Z_{Fe} + Z_L}{Z_S + Z_L} \qquad \text{（式 5-4）}$$

式中，L_s 为衰减量，Z_s 为源阻抗，Z_{Fe} 为铁氧体材料阻抗，Z_L 为负载阻抗。各参数的关系依赖于铁氧体材料阻抗和负载阻抗，它们的值常常为复数。当电源是开关电源时，源阻抗和负载阻抗值均较低。负载为低阻抗时，可以在不同的铁氧体材料之间进行比较。

上面所述都是假设铁氧体材料是圆柱形的。如果铁氧体材料需要制成扁平电缆、电缆束或多孔平面，则计算将要变得非常复杂，并且要相当精确地知道铁氧体材料的长度和有效面积，这可以通过分段计算来得到，通过每部分的有效面积能够求出铁氧体材料长度的总和。阻抗值直接与铁氧体材料长度成比例。

（四）铁氧体插损器件及应用

铁氧体插损器件就是利用铁氧体材料制成的，它是在不同频段内具有不同插入损耗值的一种器件，可以作为电缆和连接器等来抑制射频干扰。这种器件使用最简单、最方便和最有效，因而被广泛使用。它们既可衰减射频干扰信号，也可在不降低直流或低频信号能量的情况下，抑制无用的高频振荡信号。

铁氧体的基本成分是氧化铁和一种或多种高能量材料，最常用的是锰、锌、钴、镍等。可以选用现有的各种形状和尺寸的铁氧体器件，在特殊情况下也可以制出需要的形状和尺寸。影响铁氧体抑制干扰性能的参数主要是电、磁和结构关系的性能特征参数。目前有多种不同的计算公式和性能级别判定规则，每一种公式都有对应的量子比。最常用的表示铁氧体抑制干扰性能的参数是磁导率，它是磁感应强度与磁场强度的比值，材料通常根据初始的磁导率来分类。在常用的射频频段范围，从 10 MHz~1 GHz，高频寄生频率是主要考虑的因素。选用一定的铁氧体材料，能非常有效地抑制高频寄生频率的干扰信号。例如，当微处理器主频率高于 100 MHz 时，高频寄生干扰信号的频率最大可达 700 MHz

左右。

选择铁氧体插损器件时，要根据不同频段的敏感度来进行匹配。当安装了铁氧体插损器件时，低频信号的损耗非常小，能够顺利通过，信号能量不会有明显的降低，但对频率较高的信号，铁氧体对其产生比低频区域更高的阻抗，从而有选择地抑制掉高频干扰信号。为了理解铁氧体插损器件在各种实际工程中的应用，下面给出具体的在应用中需要确定的因素：

1. 需要最大衰减的频率范围。

2. 需要衰减的大小。

3. 铁氧体磁导率与相关频段特性。

4. 铁氧体器件与需要解决的问题的匹配性（例如，预期的衰减性能波动范围）。

5. 安装环境和结构形状的匹配要求。

要求衰减的频率范围必须对应于给定铁氧体器件的特性。这种特性要求，对需要抑制的干扰信号要有最大的衰减值。即便是同一种铁氧体器件，当源阻抗和负载阻抗改变时，铁氧体器件所能提供的插入衰减量也会随之做相应的改变。当源阻抗和负载阻抗为低阻抗时，铁氧体器件则更加有效。例如，将阻抗为 500 Ω 的铁氧体器件用于阻抗为 50 Ω 的电路中，插入衰减值为 21 dB。同一种铁氧体器件如果应用于阻抗为 1 Ω 的电路中，则插入衰减值就为 54 dB，提高了 33 dB。

对于高阻抗电路，可以通过在铁氧体器件上增加绕制圈数或增加铁氧体数量来获得相同级别的插入衰减值。通过增加穿过铁氧体器件的绕制匝数来增加有效磁通，阻抗以匝数 N 的平方级增加，例如，绕制的匝数为 2，阻抗增加 4 倍，绕制的匝数为 4，则阻抗增加 16 倍。当铁氧体器件的体积增加时，阻抗成正比增加。例如，当铁氧体器件的体积增加了 100%时，则阻抗一般情况下也会增加 100%。

另外，也可以采用逆向的方法来选择所需要的铁氧体器件。例如，要求扁平带状电缆在 100 MHz 时产生 15 dB 的插入损耗，通过公式

$$L_S = 20\log\frac{Z_S + Z_{Fe} + Z_L}{Z_S + Z_L} \qquad (式 5-5)$$

计算可知，$L_S = 15$ dB，$Z_S = Z_L = 25\ \Omega$，故有

$$20\log\frac{25\Omega + Z_{Fe} + 25\Omega}{25\Omega + 25\Omega} = 15\text{dB} \qquad (式 5-6)$$

则 $Z_{Fe} \approx 231.25\ \Omega$。

根据铁氧体器件插入衰减参数与型号对照表，可以选择出最适合扁平带状电缆的铁氧体器件为 FD28 B2408，其在 100 MHz 时的阻抗为 250 Ω。

当铁氧体器件应用于电路中以后，最终的效果还是要由试验来确定。尽管铁氧体材料

本身的特性是线性的，但是其特性与工作温度有相当密切的关系，磁导率在不同的温度下会有不同的数值。一般情况下给出的是在 15 ℃时的初始磁导率，在正常温度范围，即 15 ~82 ℃范围内铁氧体器件的阻抗值变化不是很大。

由铁氧体材料制成的插入衰减器（铁氧体插损器）的使用与安装非常便捷，只须扣在需要抑制干扰的控制线或电缆线上即可，还可以安装在线缆的端接处。在电缆通道上辐射信号的频率通常都会超出 30 MHz，这样的电缆起着辐射天线的作用。另外，系统中的电子线路，在传输高速的信号时，由于其传输通道具有传输线的特性，使得系统中的电子线路成为性能极佳的天然辐射天线，这样的辐射天线会传导、辐射、接收不需要的高频干扰信号。解决的方法是将铁氧体插损器放置在正确位置，干扰信号便可以得到有效抑制。

较为常用的铁氧体插损器是一种对开式的插损器，它使用安装非常方便，适用于许多场合。对开式铁氧体插损器具有较高的磁导率，相对铁氧体滤波器来讲性能较为稳定，不会有较高的涡流损耗，与其他材料制成的插损器相比，铁氧体材料单位体积的阻抗值可以做到非常高，这是铁氧体材料的最大优点。下面给出几种铁氧体衰减器的应用示例以及外形结构，使大家有一个感性的认识。

1. 胶豆夹型铁氧体衰减器：胶豆夹型铁氧体衰减器可以扣在电缆上，而且不能再打开，从而保证了衰减器不能被移动或拆除。紧锁搭扣可防止夹子在电缆上径向移动，可用于直径为 0. 5~3. 0 mm 的线上。这种衰减器对空间有限和侧面低的场合特别适用，可有效地替换内卡型、紧缩管、捆紧物、绑带式或其他辅助的安装方式。

2. 电缆夹钳型铁氧体衰减器：电缆夹钳型铁氧体衰减器固附在尼龙带上，适用于直径在 25. 4mm 以内的线缆，衰减器带有螺钉安装孔。

3. 高阻抗套管夹型铁氧体衰减器Ⅰ：这种铁氧体衰减器带有随意安装的底座，能够抑制传输速率较高的大规模设备或微型处理器的工作频率以外的寄生谐波信号，特别适用于通信转换设备、本地局部网和分系统集成设备，可以非常方便地装配在电缆和传输线上，也可通过底部螺钉穿孔来固定。

4. 高阻抗套管夹型铁氧体衰减器Ⅱ：这种铁氧体衰减器带有孔径可变的进/出窍端和随意安装的底座，其他性能与高阻抗套管夹型铁氧体衰减器Ⅰ相同，适用于直径 6. 4~11 mm 的电缆。

5. 高阻抗复合绕制套管夹型铁氧体衰减器：这种铁氧体衰减器的阻抗值非常高，并且带有复合绕制的套管夹，具有电缆绕制穿透能力。通过增加穿过磁芯的电缆环路数目，能够非常有效地增加磁通路数目，提升阻抗。阻抗的增加值与圈数 N 的平方成正比。

6. 扁平电缆夹钳型铁氧体衰减器Ⅰ：扁平电缆夹钳型铁氧体衰减器 T 带有胶带安装部分，铁氧体贴装在尼龙带上，通过撕掉底盘上的保护纸，即可压装到需要安装的部位，安装使用便捷，适用于 50 芯范围内的扁平电缆。

7. 扁平电缆夹钳型铁氧体衰减器Ⅱ：扁平电缆夹钳型铁氧体衰减器Ⅱ具有完整的外部结构和胶带安装底座。铁氧体贴装在尼龙带上，尼龙带结构完整。适用于 64 芯范围内的扁平电缆。内部的锁紧扣带可将夹钳固定在电缆上。通过将底座胶带保护纸撕掉，实现便捷安装。

不同的铁氧体抑制元件有着不同的最佳抑制频率。通常磁导率越高，抑制的频率就越低。此外，铁氧体的体积越大，抑制效果越好。在体积一定时，长而细的形状比短而粗的抑制效果好，内径越小，抑制效果也越好。但在有直流或交流偏流的情况下，还存在铁氧体饱和的问题，抑制元件横截面越大，越不易饱和，可承受的偏流越大。

铁氧体抑制元件应当安装在靠近干扰源的地方。对于输入/输出电路，应尽量靠近屏蔽壳的进、出口处。对铁氧体磁环和磁环构成的吸收滤波器，除了应选用高磁导率的有耗材料外，还要注意它的应用场合。它们在线路中对高频成分所呈现的电阻是 10 Ω 至几百欧姆，因此在高阻抗电路中的作用并不明显，相反，在低阻抗电路（如功率分配、电源或射频电路）中使用将非常有效。

第三节 电气自动化控制系统设计过程中涉及的技术

一、集中监控技术

集中监控方式的优点是运行维护方便，控制站的防护要求不高，系统设计容易。但由于集中式的主要特点是将系统的各个功能集中到一个处理器进行处理，处理器的任务相当繁重，处理速度受到影响。由于电气设备全部进入监控，伴随着监控对象的大量增加随之而来的是主机冗余的下降、电缆数量增加，投资加大，长距离电缆引入的干扰也可能影响系统的可靠性。同时，隔离刀闸的操作闭锁和断路器的联锁采用硬接线，由于隔离刀闸的辅助接点经常不到位，造成设备无法操作。这种接线的二次接线复杂，查线不方便，大大增加了维护量，还存在由于查线或传动过程中由于接线复杂而造成误操作的可能性。

二、远程监控技术

远程监控方式具有节约大量电缆、节省安装费用、节约材料、可靠性高、组态灵活等优点。由于各种现场总线传口（Lomworks 总线，CAN 总线等）的通信速度不是很高，而电气部分通信量相对又比较大，所有这种方式适合于小系统监控，而不适应于大型工程的电气自动化系统的构建。

三、现场总监控技术

自 20 世纪 50 年代以来，4~20 mA 的模拟电流信号作为标准信号一直在过程控制领域中占据统治地位。70 年代，随着计算机技术的发展，数字式的计算机引入测控系统中，此时的计算机提供的是集中式控制处理。80 年代，在各种仪器设备中嵌入了具有计算分析判断功能的微处理器，出现了各种数字式的智能化仪器仪表，能够实现信息采集、显示、处理、传输、优化控制等，本身具备自动量程转换、自动调零、自校正及自诊断等功能。在过程控制领域，随着各种智能传感器、变送器和执行器的出现，一种新的控制系统体系——数字化到现场、控制功能到现场、设备管理到现场的现场总监控控制系统应运而生。

控制系统的发展历经集中式数字控制系统、集散控制系统、现场总监控控制系统，纵观控制系统体系结构的发展，不难发现，每一代新的控制系统推出都是针对老一代控制系统存在的缺陷而给出的解决方案，最终在用户需求和市场竞争两大外因的推动下占领市场的主导地位。FCS 正是顺应以上潮流而诞生，它用现场总监控这一开放的、具有可互操作的网络将现场各控制器及仪表设备互连，构成现场总监控控制系统，同时控制功能彻底下放到现场，降低了安装成本和维护费用。

(一) 现场总监控的定义

现场总监控是一种应用于生产现场，在现场设备之间、现场设备与控制装置之间实行双向、串行、多节点数字通信的技术。或者说，现场总监控是应用在生产现场、连接智能现场设备和自动化测量控制系统的数字式、双向传输、多分支结构的网络系统与控制系统，它以单个分散的数字化、智能化的测量和控制设备作为网络节点，用总监控连接，实现相互交换信息，共同完成自动控制任务。

现场总监控不仅是一种通信协议，也不仅是用数字信号传输的仪表代替模拟信号（DC4~20mA）传输的仪表，关键是用新一代的现场总监控控制系统 FCS 代替传统的集散控制系统 DCS，实现现场通信网络与控制系统的集成。其本质含义体现在以下六个方面：

1. 全数字化通信

和半数字化的 DCS 不同，现场总监控系统是一个纯数字系统。现场总监控是用于过程自动化和制造动化的现场设备或现场仪表互连的现场数字通信网络，利用数字信号代替模拟信号，其传输抗干扰性强，测量精度高，大大提高了系统的性能。

2. 现场设备互连

现场设备或现场仪表是指传感器、变送器和执行器等，这些设备通过一对传输线互连。传输线可以使用双绞线、同轴电缆和光纤等。

3. 互操作性

互操作性的含义来自不同制造厂的现场设备，不仅可以互相通信，而且可以统一组态，构成所需的控制回路，共同实现控制策略。

4. 分散功能块

FCS 取消了 DCS 的输入/输出单元和控制站，把 DCS 控制站的功能块分散地分配给现场仪表，实现了彻底的分散控制。

5. 通信线供电

现场总监控的常用传输介质是双绞线，通信线供电方式允许现场仪表直接从通信线上摄取能量。

6. 开放式互联网络

现场总监控为开放式互联网络，既可与同类网络互联，也可与不同网络互联，还可以实现网络数据库共享。

（二）现场总监控控制系统体系结构

现场总监控技术将专用微处理器置入传统的测量控制仪表，使它们各自都具有了一定的数字计算和数字通信能力，成为能独立承担某些控制、通信任务的网络节点。它们分别通过普通的双绞线、同轴电缆、光纤等多种途径进行信息传输，这样就形成了以多个测量控制仪表、计算机等作为节点连接成的网络系统。该网络系统按照公开、规范的通信协议，在位于生产现场的多个微机化自控设备之间，以及现场仪表与用作监控、管理的远程计算机之间，实现数据传输与信息共享，进一步构成了各种适应实际需要的自动控制系统。简而言之，现场总监控控制系统把单个分散的测量控制设备变成网络节点，并以现场总监控为纽带，把它们连接成可以互相沟通信息，并和其他计算机共同完成自控任务的网络系统与控制系统。

现场总监控控制系统的体系结构为：最底层的 Intranet 控制网即 FCS，各控制器节点下放分散到现场，构成一种彻底的分布式控制体系结构，网络拓扑结构任意，可为总监控形、星形、环形等，通信介质不受限制，可用双绞线、电力线、无线、红外线等各种形式，FCS 形成的 Intranet 控制网很容易与 Intranet 企业内部网和 Internet 全球信息网互连，构成一个完整的企业网络三级体系结构。

（三）现场总监控的技术特点

1. 系统的开放性

开放系统是指通信协议公开，各不同厂家的设备之间可进行互连并实现信息交换，现场总监控开发者就是要致力于建立统一的工厂底层网络的开放系统。这里的开放是指对相关标准的一致、公开性，强调对标准的共识与遵从。一个开放系统，它可以与任何遵守相同标准的其他设备或系统相连。一个具有总监控功能的现场总监控网络系统必须是开放的，开放系统把系统集成的权利交给了用户。用户可按自己的需要和对象把来自不同供应商的产品组成大小随意的系统。

2. 互可操作性与互用性

这里的互可操作性，是指实现互联设备间、系统间的信息传送与沟通，可实行点对点，一点对多点的数字通信。而互用性则意味着不同生产厂家的性能类似的设备可进行互换而实现互用。

3. 现场设备的智能化与功能自治性

它将传感测量、补偿计算、工程量处理与控制等功能分散到现场设备中完成，仅靠现场设备即可完成自动控制的基本功能，并可随时诊断设备的运行状态。

4. 系统结构的高度分散性

由于现场设备本身已可完成自动控制的基本功能，使得现场总监控已构成一种新的全分布式控制系统的体系结构。从根本上改变了现有 DCS 集中与分散相结合的集散控制系统体系，简化了系统结构，提高了可靠性。

5. 对现场环境的适应性

工作在现场设备前端，作为工厂网络底层的现场总监控，是专为在现场环境工作而设计的，它可支持双绞线、同轴电缆、光缆、射频、红外线、电力线等，具有较强的抗干扰能力，能采用两线制实现送电与通信，并可满足本质安全防爆要求等。

（四）现场总监控技术标准

现场总监控技术发展迅速，处于群雄并起、百家争鸣的阶段。只有遵守相同的现场总监控技术标准，企业按照标准生产产品，才能够按照标准将不同产品组成一个有机的系统。围绕着现场总监控的标准化，世界上各大知名厂商之间进行了激烈的竞争，使标准的制定工作进展缓慢。IECTC65（国际电工委员会负责工业测量和控制的第 65 标准化技术委员会）通过了 IEC61158 决议，规定了 8 种类型的现场总监控国际标准，即 IEC61158 现场总监控标准，分别是：FF H1、ControlNET、Profibus、Interbus、P-Net、WorldFIP、FFHSE

（即 FF 的 H2）。其中，P-Net 是专用总监控；Control-Net、Profibus、Interbus 和 WorldFIP 是从 PLC 发展而来的；FF 和 HSE 是从传统 DCS 发展而来的。另外 IEC SC17B（国际电工委员会负责低压点起的 17B 标准化技术委员会）也通过了 3 种现场总监控国际标准（IEC 62026-1），它们分别为：SDS（Smart Distributed System）智能分布系统、ASI（Actuator Sensor Interface）执行器传感器接口和 Device Net 设备网络。国际上另外一个组织 ISO（国际标准化组织），也推出了 ISO11898 决议，认定 CAN（Control Area Network）总监控为国际标准。事实上，目前国际上有 40 多种现场总监控，其他的如 Bitbus、Modbus、Arcnet、ISP 等仍有各自的市场。目前具影响力的有 TF、Profibus、HART、CAN 和 LonWorks 等。要实现这些总监控的兼容和互操作是十分困难的，还没有任何一种现场总监控能覆盖所有的应用领域。

由于技术出发点不同，目前的现场总监控大都有各自的应用范围与应用领域，现列举部分如下：

1. 过程控制：FF、Profibus-PA、HART、WorldFIP。

2. 制造自动化：Profibus-DP、Interbus。

3. 农业、养殖业、食品加工业：P-Net。

4. 楼宇自动化：LonWorks、Profibus-DP。

5. 汽车检测、控制：CAN。

（五）现场总监控控制系统

现场总监控控制系统是用开放的现场总监控控制通信网络将自动化最底层的现场控制器和现场智能仪表设备互连的实时全数字网络控制系统。现场总监控控制系统要求在功能上管理集中、在控制上分散、在结构上横向分散并且纵向分级，同时系统具有快速、实时的响应能力。

1. 现场总监控系统的优点

现场总监控系统结构的简化，使控制系统的设计、安装、投运到正常生产运行及其检修维护，都体现出优越性。

（1）节省硬件数量与投资

由于现场总监控系统中分散在设备前端的智能设备能直接执行多种传感、控制、报警和计算功能，因而可减少变送器的数量，不再需要单独的控制器、计算单元等，也不再需要 DCS 系统的信号调理、转换、隔离技术等功能单元及其复杂接线，还可以用工控 PC 作为操作站，从而节省了一大笔硬件投资，由于控制设备的减少，还可减少控制室的占地面积。

（2）节省安装费用

现场总监控系统的接线十分简单，由于一对双绞线或一条电缆上通常可挂接多个设备，因而电缆、端子、槽盒、桥架的用量大大减少，连线设计与接头校对的工作量也大大减少。当需要增加现场控制设备时，无须增设新的电缆，可就近连接在原有的电缆上，既节省了投资，也减少了设计、安装的工作量。据有关典型试验工程的测算资料，可节约安装费用60%以上。

（3）节省维护开销

由于现场控制设备具有自诊断与简单故障处理的能力，并通过数字通信将相关的诊断维护信息送往控制室，用户可以查询所有设备的运行，诊断维护信息，以便早期分析故障原因并快速排除。缩短了维护停工时间，同时由于系统结构简化，连线简单而减少了维护工作量。

（4）用户具有高度的系统集成主动权

用户可以自由选择不同厂商所提供的设备来集成系统，避免因选择了某一品牌的产品被“框死”了设备的选择范围，不会为系统集成中不兼容的协议、接口而一筹莫展，使系统集成过程中的主动权完全掌握在用户手中。

（5）提高了系统的准确性与可靠性

由于现场总监控设备的智能化、数字化，与模拟信号相比，它从根本上提高了测量与控制的准确度，减少了传送误差。同时，由于系统的结构简化，设备与连线减少，现场仪表内部功能加强；减少了信号的往返传输，提高了系统的工作可靠性。此外，由于它的设备标准化和功能模块化，因而还具有设计简单、易于重构等优点。

2. 现场总监控控制系统采取的实时性措施

（1）简化OSI协议，提高实时响应能力

现场总监控控制系统的通信协议一般为物理层、链路层、应用层，再增加一个用户层作为网络节点，互联成底层总监控网，如Profibus总监控的4层结构。

（2）控制功能彻底分散

直接面向对象，接口直观简洁，把基本控制功能下放到现场具有智能的芯片或功能块中，同时具有测量、变送、控制与通信功能的功能块，作为网络节点，互联成底层总监控网。

如Profibus总监控系统，按照主站、从站分，把底层的通信及控制集中到从站来完成。各公司厂商提供较齐全的各类主站与从站系列芯片，实现起来简单又便宜。又如Lon Works，虽然通信协议与OSI相同为7层，但全部固化在一个神经元芯片中，不需要经网络传输，同样可加快实时响应能力。网络变量存储于神经元芯片ROM中，由节点代码编译时确定，同类型的网络变量连接起来进行自控，大大简化了开发和安装分布系统的过程。

（3）介质访问协议

大部分现场总监控控制系统均为令牌传递总监控访问方式，既可达到通信快速的目的，又可以有较高的性价比。只有 Lon Works 采用改进型的，即带预测量的 CS-MA 访问方式，相比传统的多路访问冲突检测 CSMA 方法，减少了网络碰撞率，提高了重载时的效率，并采用了紧急优先机制，以提高它的实时性与可靠性。

（4）通信方式

一般分调度通信和非调度通信。调度通信用于设备间周期性传输，控制的数据预先设定；非调度通信用于参数设定、设备诊断报警处理。以其功能分，有主站和从站。从站仅在收到信息时确认或当主站发出请求时向它发信息，所以只需总监控协议一小部分，既经济，实时性也强。

3. 现场总监控控制系统主要设备

现场总监控将现场变送器、控制器、执行器及其他设备以节点设备形式连接起来，便组成现场总监控控制系统，其基本设备有如下几类：

（1）检测、变送器

常用现场总监控变送器有温度、压力、流量、物位和成分分析等变送器，具有检测、变换、零点与增益校正和非线性补偿等功能，同时还常嵌有 PID 控制和各种运算功能。现场总监控变送器是一种智能变送器，具有模拟量（DC4～20mA）和数字量输出以及符合总监控要求的通信协议。

（2）执行器

常用现场总监控执行器有电动和气动两大类，除具有驱动和执行两种基本功能外，还内含有调节阀输出特性补偿、嵌有 PID 控制和运算功能以及对阀门的特性进行自检和自诊断等。

（3）服务器和网桥

例如利用 FF 现场总监控组成控制系统，必须在服务器下连接 H1 和 H2 总监控系统，而网桥用于 H1 和 H2 之间的连通。

（4）辅助设备

为使现场总监控系统正常工作，还必须有各种转换器、总监控电源、安全栅和便携式编程器等辅助设备。

（5）监控设备

除供工程师对各种现场总监控控制系统进行硬件和软件组态的设备和供操作人员对生产工艺进行操作的设备外，还必须有用于工程建模、控制和优化调度的计算机工作站等。

所有上述设备与常规仪表控制系统不同，它必须是数字化、智能化仪表，具有支持现场总监控系统的接口和符合现场总监控控制系统通信协议的运行程序。

必须指出，在现场总监控控制系统中分散到变送器和执行器中的PID控制，通过硬件组态同样可以方便地组成诸如串级、比值和前馈—反馈控制等多回路控制系统。当然，若控制系统需要采用更复杂的PID控制规律或者采用非PID控制规律时，例如自适应控制、推理控制和Smith预估控制等，嵌入式PID单元是难以胜任的，通常这些由位于现场总监控网络上的监控计算机完成。

此外，传统仪表的显示、记录、打印等功能在现场总监控控制系统中均由相应的软件由网络上的监控计算机来完成。只有在特殊要求的情况下，现场总监控显示仪表、记录仪表和打印仪表才被使用。

4. 现场总监控控制系统的结构

（1）现场总监控控制系统的一般结构

利用现场总监控将网络上的监控计算机和现场总监控单元设备连接起来便组成了现场总监控控制系统。虽然由于采用不同的现场总监控，其结构形式略存差异，但该结构形式仍不失为一般性结构。现场总监控控制系统将传统仪表单元微机化，并用现场网络方式代替了点对点的传统连接方式，从根本上改变了过程控制系统的结构和关联方式。对于不同的现场总监控标准，其相应的现场总监控控制系统也有一定的差别。

（2）基于FF现场总监控组成的典型现场总监控控制系统

基于FF现场总监控的典型FCS结构的FCS结构可把现场总监控仪表分为两类，一类是通信数据较多，通信速率要求高和要求实时性强的现场总监控仪表直接连接在H2总监控系统上；而其他要求数据通信速率较慢、实时性要求不高的现场总监控仪表，则全部连接在H1总监控上。由于每一条总监控只能连接32台现场总监控仪表，因而多条H1总监控可通过网桥连接到H2总监控上，以提高通信速率，保证整个系统的实时性要求和控制需要。多条H1和H2总监控通过服务器和局域网（LAN）与监控计算机或操作站进行数据通信。

（3）基于LonWorks现场总监控组成的典型现场总监控控制系统结构

由于LonWorks总监控的网络功能较强，能支持多种现场总监控系统和底层总监控系统，因此由其组成的现场总监控系统结构较为复杂，功能较为全面。凡是符合LonWorks总监控系统自身规范的现场总监控仪表，均可通过路由器连接到LonWorks总监控网络上。而其他现场总监控，例如ProfiBuS、DeviceNet等，则可通过网关连接到LonWorks总监控网络上。由于不同现场总监控系统的通信速率各异，故由此组成的控制系统实际上是一个混合网络系统。在该混合系统中，多种网络共存于一体，而在每一网段的通信速率是不同的。

至于其他现场总监控系统组成的现场总监控控制系统的典型结构与此虽略有差异，但大致相似，因此不一一叙述。

5. 现场总监控控制系统的集成与扩展

现场总监控控制系统（FCS）是通过网络将现场总监控传感器、变送器、调节器和执行器等利用现场总监控连接而成。对于传统的设备，例如 DCS、PLC、通用的模拟单元和数字单元等，将这些传统设备经网络化处理后，用现场总监控系统连接起来，实现一定控制功能系统，成为现场总监控控制系统的集成。

现场总监控控制系统的集成系统结构中，除了将现有的 DCS 和 PLC 等控制装备以及检测、变送、控制、计算、执行和显示等现场总监控仪表集成到系统中外，还将 I/O 接口、测量仪表、执行机构和监控显示器等传统仪表集成到系统中。此外，为了实时监视系统的运行状态和分析故障，还集成了分析检测、组态维护、数控装置和手动操作等专用或特殊设备。

随着现代生产过程规模的不断扩大，现场总监控控制系统的规模也不断增大，控制任务也在扩展，除了完成常规的过程控制任务外，还须进行企业生产管理的自动化和协调化，实现企业综合自动化。因此，现场总监控控制系统与上层管理、控制系统有机地结合起来实现系统的扩展是必然的。

基于 FCS 的现代控制管理结构中，底层单元组合仪表或数字仪表、变送器、执行器、分析监测、DCS 系统和组态 PC 等与中层开放式标准化生产管理系统通过现场总监控系统将所有信息集成和管理起来；而中层则通过局域网（LAN）将上层全开放式面向用户服务的一体化信息管理系统连接起来，以实现更高层次的信息共享。同时还可根据需要连接到 Internet 和广域网上。

6. 现场总监控控制系统实例

目前，现场总监控控制系统已广泛应用于石油、化工、电力、食品、轻工、冶金、机械等行业中，实现生产过程的自动化，这里介绍一个应用实例。

某化工厂有石灰车间、重碱车间、煅烧车间、盐硝车间、热电车间和压缩车间。有温度、压力、流量、液位、物位、成分分析等热工参数和数字量、开关量检测点 800 多个和数百个控制回路，且各车间分布地域较广阔。显然，利用传统的仪表控制系统进行检测、控制和集中管理是很难实现的。这里介绍基于现场总监控的控制系统符合低成本、高效益的理想控制方案。

由于 Profibus 传输速率高、应用范围广、发展前景好，因此该系统选择 Profibus 组成现场总监控。Profibus 有 Profibus-DP、Profibus-FMS 和 Profibus-PA 三个兼容品种，而 Profibus-Dp 是一种高速和便宜的通信连接，它专门设计为自动控制系统和设备级分散的 I/O 之间进行通信用的产品，故该系统选用 Profibus-DP 组成，可见，各车间的网络布置是基本相同的，仅是检测变送器、仪表和控制回路多少的区别，整个控制系统由现场过程控制级、车间监控级和集团公司管理级（总调度室）三个层次组成。

（1）现场过程控制级

ET200M 为 I/O 接口模块，生产过程的各被测量和控制回路，即各种变送器、调节器、执行器等均挂接于 ET200M 上。然后 ET200M 通过 Profibus-DP 现场总监控挂接到中央微处理单元模块 CPU315-2DP。在 ET200M 上挂接的模块有：模拟输入和输出模块 SM331 和 SM332；数字量、开关量输入和输出模块 SM321 和 SM322；热电阻模块 SM331-RT；热电偶模块 SM331-TC；称重模块 SIWAREX-U。每一个 ET200M 接口可扩展 8 个 I/O 模块，其与车间监控站的通信速率为 12 Mbit/s。

由此可见，生产工程的各种工艺参数的采集、控制均由现场控制级完成，并通过 Profibus-DP 与车间监控级进行通信。

（2）车间监控级

该级主要设备有西门子 S1MATIC S7-300 系列 PLC、中央微处理单元 CPU315-2DP 和工业控制计算机。主要功能有：硬件和软件组态、优化现场级的控制、数据采集和与现场级及集团公司管理级的数据通信等。

CPU315-2DP 适用于中到大规模分布式自动控制系统和通过 Profibus-DP 连接的控制设备，具有 Profibus-DP 标准接口，使系统简单、可靠。CPU315-2DP 有安全的数据库、可进行自检和在线故障诊断及故障报警等。

（3）集团公司管理级

主要设备为 Wince 服务器和打印机等。Wince 通过 Profibus-DP 总监控与现场通信。Wince 具有真正开放的软件，具有使用简单、组态方便、性能可靠功能齐全等特点。被广泛应用于邮电、市政、电力、化工、石油等工业过程控制和企业管理中。

本系统的数据通信使用两种速率，各车间内部通信速率为 1.5 Mbit/s；而各车间到集团公司管理级的通信速率为 187.5 Mbit/s。该系统的 Profibus 总监控长度超过 1 500 m，为加强信号强度，中间增加一个中继器。本系统操作简单、工作可靠、性能稳定、控制精度高，可以获得良好的经济效益和社会效益。

四、微机电动机保护测控装置

随着科学技术的不断发展，在普通旋转电机的基础上产生出多种具有特殊性能的控制电机，它们不但体积小、重量轻、耗电少，而且具有高精度、高可靠性和快速响应等特点，在自动控制系统中发挥重要的作用。自动控制用的微型特种电机品种很多，大致可分为信号转换类：如旋转变压器、自整角机、测速发电机等；执行元件类：如伺服电动机、步进电动机、无刷直流电动机等。下面分别做简要介绍。

（一）旋转变压器

旋转变压器是电磁感应式位置检测传感器，主要用于角位移测量。常用的旋转变压器定子和转子各有空间分布相差 90°的两个绕组，因而被称为正、余弦旋转变压器。

定子的正弦和余弦绕组励磁电压为“U_{1S}”和“U_{1C}”转子的一个绕组感应电压为 u_2，另一个绕组外接阻抗作为补偿，θ 为转子偏转角。

设

$$u_{1s} = U_m \sin\omega t$$

$$u_{1c} = U_m \sin(\omega t + \pi/2) = U_m \cos\omega t$$

当转子正转时有：

$$u_2 = kU_m \cos(\omega t - \theta) \qquad \text{（式 5-7）}$$

式中，U_m 为励磁电压幅值；k 为电磁耦合系数，k<1 为相位角（转子偏转角）。

当转子反转时则有：

$$u_2 = kU_m \cos(\omega t + \theta) \qquad \text{（式 5-8）}$$

由此可见，转子输出电压的相位角和转子的偏转角之间有严格的对应关系，只要测出转子输出电压的相位角就可以知道转子的偏转角。由于旋转变压器的转子是和被测轴连接在一起的，因而也就测出了它的角位移。

旋转变压器结构分有刷和无刷两种形式。我国生产的有刷旋转变压器为封闭式，可以在较为恶劣的环境中工作，无刷式旋转变压器结构复杂，由于没有电刷和集电环之间的滑动接触，工作更为可靠。

在这里还应说明的是旋转编码器也是用来检测的角位移的器件，与旋转变压器不同，它是基于光电转换效应的直接输出数字式代码的器件，当前应用领域更为宽广。

（二）自整角机

自整角机也是传输角度数据的感应式信号元件，它既可以把机械的转角转换成电压、电流信号，又可以将电信号转换成机械轴的转角，主要用于角度的变换和传输，实现机械上互不相连的两根或多根转轴同步旋转。在传动系统中通常是两台或多台同时使用，其中一台主动作为发送机，其余从动为接收机。

自整角机按使用要求的不同可分为力矩式和控制式两类，力矩式主要用于指示系统中，控制式主要用于功率传递系统中。按电源的相数分类，则有单相和三相两种，在自动控制系统中通常使用单相自整角机。按结构形式不同可分为接触式和无接触式两类，无接触式自整角机没有集电环和电刷的滑动接触，可靠性高，使用寿命长，不产生无线电干扰，但是结构较为复杂，电气性能也较差；接触式自整角机结构简单，性能好，使用更为普遍。

（三）测速发电机

测速发电机是一种测量转速的信号元件，它将输入的机械转速变为电压信号输出，在控制系统中主要用来检测转速，其输出电压通常作为速度反馈信号使用。测速发电机输出电压有直流和交流两大类。直流测速发电机是一种微型直流发电机，它的工作原理与一般的直流发电机相同，按定子磁极的励磁方式可分为无槽电枢、有槽电枢、空心环电枢和圆盘印刷绕组等几种。交流测速发电机则有同步测速发电机和异步测速发电机两种。

对测速发电机的技术要求主要是输出电压与转速成正比而且比值应恒定，不随外界条件改变；发电机的转动惯量要小，以保证反应快速。

（四）伺服电动机

伺服电动机是一种由输入电信号控制的电动机，它将输入的电压信号变换成电动机转轴的旋转力矩和旋转速度输出，改变输入电压可以改变伺服电动机的转速及转向。伺服电动机按其使用的电源不同可分为直流伺服电动机和交流伺服电动机。直流伺服电动机一般用在功率较大的系统中，其输出功率通常为1~600 W，但也有达数千瓦的。交流伺服电动机一般用在功率较小的系统中，其输出功率通常为0.1~100 W，最常用的是30 W以下的。

伺服电动机的特点是调速范围宽，机械特性和调节特性均为线性，能够快速响应，无“自转”现象（控制信号为0时其转速也应为0），运行可靠。

（五）步进电动机

步进电动机是一种将电脉冲信号变为对应的角位移或直线位移的转换器。当电动机绕组接收一个脉冲时，转子就旋转一个相应的角度（称为步距）。低频运行时，可以清楚地看到电动机转轴是一步一步地转动的，因而称为步进电动机。

步进电动机的角位移量与输入脉冲的个数严格成正比，因此只要控制输入脉冲频率、相序和脉冲数量就可以获得所需的转速、转向和旋转的空间角度。

步进电动机大致有三种类型：

1. 可变磁阻式

定子磁极上有集中绕组，转子无绕组，由定子绕组励磁产生的反应力矩作用实现步进运行，因而也称为反应式步进电动机。这种电动机结构简单、工作可靠、运行频率高、步距角小（0.75°~90°）。

2. 永磁式

转子为永久磁铁，定子也是凸极结构，它的转动靠转子磁极与定子绕组产生的电磁力相互吸引或排斥来实现。这类电动机控制功率小、效率高、造价低，在定子绕组无电流时也具有保持力。由于受转子磁极宽度限制，步距角不能做得很小（7.5°~18°），电动机频率响应较低，常用于低速场合。

3. 混合式

也称为永磁反应式步进电动机，它兼有可变磁组式和反应式两者的优点，步距角小、工作频率高、控制功率小、无励磁时具有定位转矩，但结构复杂、造价也高。

步进电动机通常经齿轮减速后驱动滚珠丝杠实现工作机构往复直线运动，广泛用于开环控制的数控机械设备如经济型数控车床、线切割机、绘图机以及钢带、纸张、塑料薄膜的固定尺寸传送控制。

（六）无刷直流电动机

直流电动机动态性能好、效率高、控制方便，但它有电接触部件即电刷和换向器从而带来了结构复杂、可靠性差、有换向火花会产生电磁干扰等缺点。近年来随着高性能的稀土永磁材料和位置检测技术以及电力电子技术迅速发展，研制成功了新型的无刷直流电动机。它是根据永磁转子的位置对定子电枢电流进行控制，取代了换向器和电刷的作用，因而这种电动机也具有直流电动机的优良性能。

无刷直流电动机的永久磁铁、磁极安放在转子上，电枢绕组安装在定子上，位置传感器相应有两部分，转动部分和转子同轴连接，固定部分则与定子相连。由此可见，从本质上说无刷直流电动机是带电子换向器的反装式永磁直流电动机。从电动机运行原理上看，无刷直流电动机和同步电动机十分相似。无刷直流电动机的定子电枢绕组可以做成二相、三相、四相和五相，但实际上三相用得最多；转子位置检测是无刷直流电动机的关键部位，有霍尔式、光电式转换开关以及数字编码器等。

三相全波无刷电动机控制系统的主电路与通用型变频器的主电路十分相似，也是交—直—交型式，三相桥式逆变器同样有六只续流二极管用以回收电感能量，定子绕组为Y形连接，中性点不引出，每隔60°触发一只功率晶体管，在一个周期内每相绕组导电120°。实际上由于电动机绕组的电感作用，电流波形不可能是理想的矩形波。由于功率晶体管的导通和截止是通过位置传感器的信号来控制的，因此位置传感器和三相绕组之间必须有严格的对应关系才能保证各个功率晶体管的工作状态准确无误。无刷直流电动机是一个闭环控制系统，控制器采用PWM调制方式，可以实现调频调压和可逆运行，使得直流无刷电动机具有优良的调速性能。目前这种电动机可以做到数十千瓦甚至更大的容量。

直流无刷电动机的转子为高性能稀土永磁材料，不消耗励磁功率，具有节能高效、结构简单、输出转矩大、噪声小、工作可靠、调速范围宽、转向可逆等一系列优点，因而得到广泛的应用。数控机床的进给系统要求电动机具有优良的动态和静态性能，现在已经普遍采用直流无刷电动机（在我国机床行业通常称之为三相永磁同步电动机，如西门子1FT5，1FT6 系列）；在微电子机械产品如磁盘、光盘驱动器也是用这种微型高效节能的电动机。无刷直流电动机的转子是永磁材料，没有铜损和铁损，也就不存在散热问题，对于转速高达 100 000 r/min 以上的电动机来说这是一个非常重要的优点，因而它特别适合与高速机械设备如高速磨床、钻床、离心机等相配套。近年来，直流无刷电动机的专用集成电路不断出现，它们将信号电路、控制电路和保护电路集成在一起，降低了价格又提高了电动机性能，使得直流无刷电动机品种不断增加，应用领域不断扩大。例如家用空调器，直流无刷电动机正在取代笼型电动机，这种新型空调器节能效果更加显著。又如当前发展很快的电动车辆——电动汽车和电动自行车，体积小、效率高、调速性能优良的直流无刷电动机自然成为理想的驱动电动机。总之，直流无刷电动机具有宽广的应用前景，值得我们给予更多的关注。

第六章　工业控制网络

第一节　计算机网络与现场总线

一、控制系统与控制网络概述

（一）计算机控制系统的发展历程

计算机网络是计算机技术和通信技术相结合的产物，也是计算机应用广泛普及与计算机技术科学飞速发展的结果。计算机网已广泛应用于数据收集与交换、经营管理、过程控制、信息服务，如情报检索、电子邮政、计算机辅助教育、办公室自动化等方面。计算机网的通信范围已从一座办公楼、一个城市、一个国家扩展到洲际。计算机应用系统从包含单一计算机系统发展到计算机网，标志着计算机应用进入一个新阶段。

对“计算机网络”这个概念的理解和定义，人们提出了各种不同的观点。

计算机网络亦称“网络”，把多台计算机及各种外部设备通过数据通信线路连接而成的多用户系统。按照计算机连接的方式可分为集中式网络和分布式网络。集中式网络是由单一的中央计算机同一台以上终端连接形成的集中处理系统，其线路配置有点到点线路、多点线路及多路转接线路三种，特点是有综合的数据库系统、精密的控制系统、集中数据处理、信息经济效益好，但缺乏灵活性、操作系统协调困难；分布式网络是由分散的多台独立运行的计算机连接组成的处理系统，工作站上的小型机或微机可分担多数的处理负荷，必要时才请求服务器系统支援，有三种配置方式：星形、环形和分层连接。分布式网络的特点是面向多用户且具有灵活性、资源共享好、网络易于装配、能即时应答用户查询，但控制相对较难、数据不易保密、维护费用较高等。网络能迅速可靠地传输数据、共享计算机资源，适用于集团性企业之间及类似多单位之间对数据和信息进行集中和分散管理的情况。

第一代计算机网络：从 20 世纪 50 年代中期开始，出现了计算机与通信技术相结合的尝试，出现了第一代计算机网络。它实际上是以单个计算机为中心的远程联机系统。这样的系统中除了一台计算机，其余的终端都没有自主处理信息的功能。系统主要存在的是终端和中心计算机之间的通信。虽然历史上也称作计算机网络，但现在看来这与后来出现的多个计算机互联的计算机网络有很大的区别，我们称为“面向终端的计算机网络”。

第二代计算机网络：是多个主计算机通过通信线路互联起来，提供服务。这是20世纪60年代后期开始兴起的，与第一代计算机网络的显著区别在于，这里的多个主计算机都具有自主处理能力，它们之间不存在主从关系，这样的多个主计算机互联的网络才是我们目前常称的计算机网络，在系统中，终端与计算机的通信发展到了计算机与计算机之间的通信。

第三代计算机网络：20世纪70年代后期，人们认识到了第二代计算机网络的缺点，由于第二代计算机网络主要是由各研究单位、部门各自研制的，这就带来了不同网络难以互联的缺点。为了解决这个问题，就产生了第三代计算机网络，第三代网络是开放的和标准的计算机网络，它具有统一的网络体系结构并遵循国际标准协议。

第四代计算机网络：自20世纪80年代末以来，局域网技术逐渐发展成熟，开始出现光纤及高速网络技术、多媒体、智能网络，渐渐发展为以Internet为核心的互联网。此时，对用户来说整个计算机网络系统就像透明的一样。

计算机从产生的那天起就开始了在控制系统中的应用。20世纪60年代，人们利用微处理器和一些外围电路构成了数字式仪表以取代模拟仪表，这种控制方式被称为DDC控制，该控制方式提高了系统的控制精度和控制灵活性，而且在多回路的巡回采样及控制中具有传统模拟仪表无法比拟的性价比。70年代中后期，随着工业系统的日益复杂，控制回路的进一步增多，单一的DDC控制系统已经不能满足现场的生产控制要求和生产工作的管理要求，同时中小型计算机和微机的性价比有了很大提高。于是，由中小型计算机和微机共同作用的分层控制系统由中小型计算机对生产工作进行管理，从而实现了控制功能和管理信息的分离。当控制回路数目增加时，前置机及其与工业设备的通信要求就会急剧增加，从而导致这种控制系统的通信变得相当复杂，使系统的可靠性大大降低。

进入20世纪80年代后，由于计算机网络技术的迅速发展，同时也因为生产过程和控制系统的进一步复杂，人们将计算机网络技术应用到了控制系统的前置机之间以及前置机和上位机的数据传输中。前置机仍然完成自己的控制功能，但它与上位机之间的数据（上位机的控制指令和控制结果信息）传输采用计算机网络实现。上位机在网络中的物理地位和逻辑地位与普通站点一样，只是完成的逻辑功能不同；另外，上位机增加了系统组态功能，即网络的配置功能。这样的控制系统称为DCS（集散控制）系统。DCS系统是计算机网络技术在控制系统中的应用成果，提高了系统的可靠性和可维护性，在今天的工业控制领域仍然占据着主导地位。然而，不可忽视的是：DCS系统采用的是普通商业网络的通信协议和网络结构，在解决工业控制系统的自身可靠性方面没有做出实质性的改进，为加强抗干扰和可靠性采用了冗余结构，从而提高了控制系统的成本。另外，DCS不具备开放性，布线复杂，费用高。

80年代后期，人们在DCS的基础上开始开发一种通用于工业环境的网络结构和网络协议，并实现传感器、控制器层的通信，这就是现场总线。由于从根本上解决了网络控制系统的自身可靠性问题，现场总路线技术逐渐成为计算机控制系统的发展趋势。从那时起，一些发达的工业国家和跨国工业公司都纷纷推出自己的现场总线标准和相关产品，形成了群雄逐鹿之势。

（二）控制系统的网络化发展背景

1. 应用背景

根据工厂管理、生产过程及功能要求，CIMS体系结构可分为五层，即工厂级、车间级、单元级、工作站和现场级。简化的CIMS则三层，即工厂级、车间级和现场级。在一个现代化的工厂环境中，在大规模的工业控制过程中，工业数据结构同样分为这三个层次，与简化的网络层次相对应。现场级与车间级自动化监控及信息集成是工厂自动化及CIMS不可缺少的重要部分，该系统主要完成底层设备单机控制、联机控制、通信联网、在线设备状态检测及现场设备运行、生产数据的采集、存储、统计等功能，保证现场设备高质量完成生产任务，并将现场设备生产及运行数据信息传送到工厂管理层，向工厂级CMIS系统数据库提供数据，同时也可接受工厂管理层下达的生产管理及调度命令并执行。因此，现场级与车间级自动化临近及信息集成系统是实现工厂自动化及CIMS系统的基础。

传统的现场级与车间级自动化监控及信息集成系统（包括基于PC、PLC、DCS产品的分布式控制系统），其主要特点之一是，现场层设备和控制器之间的连接是一对一的I/O接线方式，即一个I/O点对设备的一个测控点，传送4~20 mA模拟量信号或24 VDC开关量信号，这种传统的现场级与车间级自动化监控及信息集成系统所具有以下主要缺点：

（1）信息集成能力不强。控制器与现场设备之间靠I/O边线连接，传送4~20 mA模拟量信号或24 VDC等开关量信号，并以此监控现场设备，这样控制器获取信息量有限，大量的数据如设备参数、故障及记录等很难得到。底层数据不全，信息能力不强，不能完全满足CIMS系统对底层数据的要求。

（2）系统不开放，可集成性差，专业性不强。除现场设备均靠标准4~20 mA/24 VDC连接外，系统其他软件通常只能使用一家产品。不同厂商缺乏互操作性和互换性，因此可集成性差。这种系统很少留出接口，允许其他厂商将自己专长的控制技术，如控制算法、工艺流程、配方等集成到通用系统中去，因此，面向行业的系统很少。

（3）可靠性不易保证。对于大范围的分布式系统，大量的I/O电缆及敷设施工，不仅增加了成本，也增加了系统的不可靠性。

（4）可维护性不高。由于现场级设备信息不全，现场级设备的在线故障诊断、报警、记录功能不强。另外也很难完成现场设备的远程参数设定、修改等参数化功能，影响了系统的可维护性。

2. 技术背景

从发展历程看，信息网络体结构的发展与控制系统结构的发展有相似之处。计算机出现以后人们便开始探索两台或多台计算机之间的通信问题，纵观企业信息网络的发展，它大体经历了如下几个发展阶段：

（1）基于主机的集中模式：由强大的主机完成几乎所有的计算和处理任务，用户和主机的交互很少。

（2）基于工作组的分层结构：微机和局域网技术的发展使工作性质相近的人员组成群体，共享某些公共资源，用户之间的交流和协作得到了加强。

（3）客户/服务器网络模式：计算机网络技术的发展使它成为现代信息技术的主流。该模式提高了信息资源的安全性和利用率，成为网络计算的流行模式。

（4）基于 Internet/Intranet/Extranet 和 fieldbus 的企业网：Internet 的发展和普及应用使它成为公认的未来全球信息基础设施的雏形。采样 Internet 成熟的技术和标准，人们又提出了 Intranet 和 Extranet 的概念，分别用于企业内部网和企业外联网的实现，于是便形成了以 Internet 为中心，以 Extranet 为补充，依托于 Internet 的新一代企业信息基础设施（企业网）。

而计算机控制系统也大体经历了集中控制、递阶分层控制、基于现场总线的网络控制等发展阶段。信息网络与控制系统在体系结构发展过程上的相似性不是偶然的。在计算机控制系统运行的过程中，每一种结构的控制系统总是滞后于相应计算机技术的发展。实际上，大多数情况下，正是在计算机领域一种新技术出现以后，人们才开始研究如何将这种新技术应用于控制领域。当然，鉴于两种应用环境的差异，其中的技术细节做了修改和补充，但在关键技术原理及实现上，它们有许多共同的地方，正是由于二者在发展过程中的这种关系，使得实现信息—控制一体化成为可能。

（三）控制系统网络化发展的三个阶段

随着电子、计算机和网络技术的发展，控制系统经历了组合式模拟控制系统、集中式数字控制系统、集散式控制系统，发展到当前现场总线控制系统和开放嵌入式网络化控制系统阶段。控制系统发展呈现出向分散化、网络化、智能化发展的方向。其中，尤以生产自动化、仪表监控诊断、楼宇自动化和家庭智能化控制等方面网络化趋势最为显著。

传统集中式和集散式控制系统曾极大地推动了控制工业的发展。但是，技术的发展、控制和管理要求的不断增加，使得控制系统正由封闭的集中体系加速向开放分布式体系发展。控制界正在向网络化转变。同时，由于各种控制网络协议的产生和控制技术发展的延续性，底层控制系统出现了多种网络技术、多种网络协议共存的局面。根据 Metcalfe 定理：网络的功能将随着网络节点的增长而成指数级增长。因此，控制网络扩展性和兼容性越好，网络控制节点越多，控制功能也越强。不同控制网络的集成化是当前控制系统网络化的主要特点之一。企业与外界交流的信息不仅包括管理信息，还包括设备状态和生产控制信息。控制网络与信息网络的集成可以实现微观控制和企业宏观决策的一体化，为生产控制和企业管理决策带来一种新的模式。

从控制系统的出现，就产生了控制信息交流和共享的问题。由于技术上的限制，控制系统发展的早期采取的是一种封闭结构。这同计算机技术发展早期相似；而且，控制系统的网络化发展也跟计算机网络的发展进程有某种相似的对应关系。我们认为控制网络技术的发展是从集散控制系统才真正开始的，并大致呈现以下三个阶段：

1. 传统集散控制系统

集散式控制系统（DCS）针对集中式控制系统风险集中的弊端，把一个控制过程分解为多个子系统，由多台计算机协同完成。其结构主要有以下特点：具有现场级的控制单元（PLC、MCU 等），现场级控制单元与现场设备用电缆连接，采用标准 4～20 mA 模拟信号传输；具有中央控制单元（CPU），中央控制单元与现场级控制单元之间采用 RS-232/485 等以专用非开放协议通信。目前，DCS 领域主要由 Honeywell、Fisher、ABB、Foxboro、西门子等公司占据。

应该说，集散控制系统具有了一定的网络化思想，它适应于当时的计算机和网络技术水平，但是在实际应用中也体现出了不足。首先，集散系统仍然是模拟数字混合系统，模拟信号的转换和传输使系统精度受到限制。其次，它在结构上遵循主从式思想的原则，没有完全突破集中控制模式的束缚；一旦主机故障，系统可靠性就无法保障。最后，DCS 系统属非开放式专用网络系统，各系统互不兼容，不利于继续提高系统可维护性和组态灵活性。集散控制系统在控制领域类似于计算机领域中主机与终端的共用。

2. 现场总线控制系统

现场总线控制系统（FCS）是一种开放的分布式控制系统。它突破了集散控制系统中采用专用网络的缺陷，把专用封闭协议变成标准开放协议。同时，它使系统具有完全数字计算和数字通信能力。结构上，它采用了全分布式方案，把控制功能彻底下放到现场，提高了系统可靠性和灵活性。因而，FCS 系统与 DCS 系统比较，具有很多优点：它是现场通信网络，设备之间可点对点、点对多点或广播多种方式通信；利用统一组态与任务下载，使得如 PID、数字滤波、补偿处理等简单控制任务可动态下载到现场设备；它可减少传输线路与硬件设备数量，节省系统安装维护的成本；它还增强了不同厂家设备的互操作性和互换性。当前，出现了多种现场总线：基金会总线（FF）、LON 总线，Profibus、HART 及 CAN 总线等。

从目前看，现场总线控制系统主要不足是：各种现场总线尽管都是开放协议，遵循同一种协议不同厂家的产品可以兼容；但是，各种协议并没有统一，不同总线协议的系统不易互联。而且，现场总线通信协议与上层管理信息系统或进一步的 Internet 所广泛采用的 TCP/IP 协议是不兼容的，也存在协议转换问题。这些增加了控制和管理信息一体化网络的实现难度。多种现场总线的共存对应于计算机网络发展中多种局域网协议共存的时期。

3. 开放嵌入式网络化控制系统

控制系统采用统一的网络协议和结构模型是当今控制界的共识。TCP/IP 协议是一个跨平台的通信协议族，能方便地实现异种机互联，它促使计算机信息网络及 Internet 近十年的飞速发展。因此，TCP/IP 协议由信息网络向底层控制网络延伸和扩展，形成控制与信息一体化分布式全开放网络，符合计算机、网络和控制技术融合的潮流，是逻辑的必然。网络和微处理器技术的发展，使得网络的频带不断加宽，微处理器的体积不断缩小，运算能力不断增加。宽带网和更高性能处理器的出现使得 TCP/IP 协议有可能应用于实时测控系统中，从而导致了开放嵌入式网络化控制系统的产生。测控仪表和家庭智能化领域已经出现了小型嵌入式设备以 TCP/IP 协议联网的应用。

这种控制系统借助于局域网和互联网使得遥感、遥控成为可能。由于借鉴了计算机软、硬件和网络技术，可以降低系统成本，进一步增加系统的开放性。除了应用层外，通信协议的统一将不再有不同协议转换问题，为控制网络和信息网络集成提供了最完美的解决方案。

但是应该看到，目前绝大多数实时控制还是在隔离或封闭网段上实现，真正的跨网络远程实时控制还没有出现；大量设备上网导致的 IP 地址资源不足也将是一个严重问题。解决的办法是：继续提高网络速度；增加微处理器的运算能力；完成 TCP/IP 协议软件的小型化；尽快以 IPv6 替代 IPv4，扩展 IP 资源。

（四）控制系统网络化现状

任何技术的变革都是连续渐进的。由于技术上的特点和市场利益的竞争，控制系统网络化必然是一个缓慢的过程。在目前控制应用领域中，同时并存着以上三种形式的控制系统。因此，多种形式控制网络集成是当前控制系统网络化的应用重点。

1. 集散控制系统与现场总线控制系统的集成

为保持竞争力，目前部分集散控制系统也开始采用现场总线技术对自身进行改造，产生了一些 DCS 和现场总线的混合集成系统。实现 DCS 和现场总线集成主要有三种方式：①现场总线集成在 DCS 的 I/O 设备层上。即通过接口卡将现场总线挂接在 DCS 的 I/O 总线上，来完成两者信息的映射。这种方式优点是结构比较简单；缺点是扩展规模受到接口卡的限制。Fisher-Rosemount 公司 Delta 集散系统就采用了此方式。它开发了专用接口卡，将符合 H1 规范的 FF 总线集成到该系统中。②现场总线通过专用网关与 DCS 系统集成，网关实现了通信协议的转换和信息的互访。此方式的优点是系统扩展性较好，便于利用集散系统的组态监控软件。缺点是结构较复杂；当现场总线系统结构改变时，网关要进行相应设置。例如，Honeywell 公司 Excel 50000pen 系统中由 Q7750 完成了其专用 RS-485 协议和 LON 总线的互联。③现场总线的管理机通过 LAN 集成到 DCS 系统的操作站上，这种形式采用较少。它实质是借助计算机网络来实现集成，由于进行了多层转换，系统实时性稍差。

2. 各种现场总线控制系统之间的集成

在现场总线国际标准制定的过程中，共有 8 种现场总线同时成为 IEC 现场总线标准的子集。可见，多种总线共存的局面在一个很长时间内存在仍是无法避免的。为了适应各种不同现场总线协议，必须实现各种现场总线控制系统的集成。主要解决方案有：以专用网关实现控制量的对应转换；或者进行协议上的修改，以尽可能兼容。多种现场总线集成，协同完成复杂测控任务，是目前组成自动化系统的重要方式。

3. 嵌入式网络化控制系统发展现状

之前我们说过，采用 TCP/IP 协议的开放嵌入式网络化控制系统应是未来控制系统的发展方向。这是基于实时嵌入式控制系统和计算机网络技术两个方面发展得出的结论。

嵌入式控制系统是以应用对象为中心，直接对硬件设备操作，并且根据对功能、可靠性、体积和成本的严格要求，可以剪裁系统软、硬件的计算机控制系统。按处理器不同可分三类。第一类是基于嵌入式 PC，主要有 Am186/88、386EX、Power PC、68000、ARM 系列等。第二类是 16 位和 8 位嵌入式微控制器（MCU），代表为 MCS-51、Intel8096/196、MC68HC05 等。新型高速微控制器如 SX48/52 运算能力已经达到 100 MIPS。第三类是嵌入式 DSP。TI 公司 TMS320C2000 系列 DSP 对外部接口进行了集成，使之适应于快速控制系统应用。嵌入式实时多任务操作系统（RTOS）网络功能的增强促进了嵌入式控制系统的网络化。各种商业化嵌入式实时操作系统 PSOS、VXWork、VRTX、QNX、Windows CE 等都带有可以剪裁的 TCP/IP 网络协议包，可以很方便地实现控制设备联网。

在计算机网络方面：令牌环、FDDI 和 ATM 等确定性网络的频带在不断提高；以太网标准在确定性、速度和优先法则方面也有了很大提高。现在，以太网不仅有成熟的 10/100 M 技术，还出现了 1 000 M 以上的高速以太网。运用以太网交换机，接入的节点各自独占一条线路，避免了冲突；采用高速背板交换或微处理器交换，网络响应时间是确定的。据 ARC 公司分析，126 个节点的 100 M 交换式以太网的响应时间是 2～3 ms，可以满足几乎所有控制系统的要求。

二、现场总线技术概述

（一）现场总线技术的产生与发展

现场总线是用于现场仪表与控制系统和控制室之间的一种分散、全数字化、智能、双向、多变量、多点、多站的通信系统。可靠性高、稳定性好、抗干扰能力强、通信速率快、系统安全符合环境保护要求、造价低廉、维护成本低是现场总线的特点。

现场总线是20世纪80年代末、90年代初发展形成的，用于过程自动化、制造自动化、楼宇自动化、家庭自动化等领域的现场智能设备互联设备通信网络。作为工厂数字通信网络的基础，现场总线沟通了生产过程现场级控制设备之间及其与更高控制管理层次之间的联系，这项以智能传感、控制、计算机、数据通信为主要内容的综合技术已受到世界范围的关注而成为自动化技术发展的热点，并将导致系统结构与设备的深刻变革，现场总结与企业网相结合，有可能将构成一个企业的控制和信息系统的骨架。

由于大规模集成电路的发展，许多传感器、执行机构、驱动装置等现场设备智能化，即内置CPU控制器，完成诸如线性化、量程转换、数字滤波甚至回路调节等功能。因此，对于这些智能现场设备增加一个串行数据接口（如RS-485/RS-232）是非常方便的。有了这样的接口控制器就可以按其规定的协议，通过串行通信方式而不是I/O方式完成对现场设备的监控。如果设想全部或大部分现场设备都具有串行通信接口并具有统一的通信协议，控制器只需一根通信电缆就把分散的现场设备连接起来，完成对所有现场设备的监控，这就是现场总路线技术的最初想法。

在过去的几十年中，工业过程控制仪表一直采用4~20 mA标准的模拟信号。随着微电子技术和大规模以及超大规模集成电路的迅猛发展，微处理器在过程控制装置、变送器、调节阀等仪表装置中的应用不断增加，出现了智能变送器、智能调节阀等系列高新技术仪表产品，现代化的工业赛程控制对仪表装置在速率、精度、成本等诸多方面都有了更高的要求，导致了用数字信号传输技术代替现行的模拟信号传输技术的需要，这种现场信号传输技术就被称作为现场总线。也就是说，现场总线是过程控制技术、仪表技术和计算机网络技术三个不同领域结合的产物，当过程控制技术由分立设备发展到共享设备，仪表技术由简单仪表发展到智能仪表，计算机网络技术同MAP网络技术发展到现场级网络技术时，就必然会走向现场总线。

（二）现场总线技术产生的意义

现场总线控制系统继气动信号控制系统PCS、4~20 mA等点动模拟信号控制系统，数字计算机集中式控制系统和集散式分布控制系统DCS之后，被誉为第五代控制系统。它采用了基于公开化、标准化的开放式解决方案，实现了真正的全分布式结构，将控制功能下放到现场，使控制系统更加走向于分布化、扁平化、网络化、集成化和智能化。

现场总线的产生和发展，使一个企业的现场级控制网络可以更方便有效地与办公信息网络通信，二者的集成对企业信息基础设施的改进具有重大意义。可以说，现场总线从开始出现时就是为了融入实际上已通行的TCP/IP信息网络中，并与其有效地集成到一起，为企业提供一个强有力的控制与通信基础设施。现场总线技术产生的意义如下：

第一，现场总线技术是实现现场级设备数字化通信的一种工业现场层网络通信技术，这是工业现场级设备通信的一次数字化革命。应用现场总线技术可用一条电缆将带有通信接口的智能化现场设备连接起来，使用数字化通信代替4~20 mA、24 VDC信号，完成现场设备控制、检测、远程参数化等功能。

第二，传统的现场级自动化监控系统采用一对一连线的4~20 mA/24 VDC信号，信息量有限，难以实现设备之间及系统与外界之间的信息交换，使自控系统成了工厂中的“信息孤岛”，严重制约了企业信息集成及企业综合自动化的实现。

第三，基于现场总线的自动化监控系统采用计算机数字化通信技术，使自控系统与设备加入工厂信息网络，成为企业信息网络底层，使企业信息沟通的覆盖范围一直延伸到生产现场。在CIMS系统中，现场总线是计算机网络到现场级设备的延伸，是支持现场与车间级信息集成的技术基础。

基于现场总线的现场级与车间级自动化监控及信息集成系统所具有的主要优点有：

1. 增强了现场级信息集成能力

现场总线可从现场设备获取大量丰富信息，能够更好地满足自动化及CIMS系统的信息集成要求。现场总线是数字化通信网络，它不单纯取代4~20 mA，还可实现设备状态、故障、参数信息传送。系统除完成远程监控外，还可完成远程参数化工作。

2. 开放式、互操作性、互换性、可集成性

不同厂家产品只要使用同一总线标准，就具有互操作性、互换性，因此设备具有很好的可集成性。系统为开放式，允许其他厂商将自己专长的控制技术，如控制算法、工艺流程、配方等集成到通用系统中去，因此，市场上将有许多面向行业特点的监控系统。

3. 系统可靠性高、可维护性好

基于现场总线自动化监控系统采用总线连接方式替代一对一的I/O连线，对于大规模I/O系统来说，减少了由接线点造成的不可靠因素。同时，系统具有现场级设备的在线故障诊断、报警、记录功能，可完成现场设备的远程参数设定、修改等参数化工作，也增强了系统的可维护性。

4. 降低了系统及工程成本

对大范围、大规模的I/O分布式系统来说，省去了大量的电缆、I/O模块及电缆敷设工程费用，降低了系统及工程成本。

三、现场总线

（一）现场总线概念

现场总线一般是指一种用于连接现场设备，如传感器、执行器及像PLC、调节器、驱动控制器等现场控制器的网络；现场总线是应用在生产现场、在微机化测量控制设备之间实现双向串行多节点数字通信的系统，也被称为开放式、数字化、多点通信的底层控制网络；现场总线是一种串行的数字数据通信链路，它沟通了生产过程领域的基本控制设备（现场设备）之间以及更高层次自动控制领域的自动化控制设备（车间级设备）之间的联系；现场总线是连接控制系统中现场装置的双向数字通信网络；现场总线是用于过程自动化和控制自动化（最底层）的现场设备或现场仪表互联的现场数字通信网络，是现场通信网络与控制系统的集成；现场总线是从控制室连接到现场设备的双向全数字通信总线；在自动化领域，“现场总线”一词是指安装在现场的计算机、控制器以及生产设备等连接构成的网络；现场总线是应用在生产现场、在测量控制设备之间实现工业数据通信、形成开放型测控网络的新技术，是自动化领域的计算机局域网，是网络集成的测控系统。

（二）现场总线系统的组成

如上所述，现场总线一般应被看作一个系统、一个网络或一个网络系统，它应用于现场测量和/或控制目的，通常称之为现场总线控制系统（FCS），有时也简称为现场总线系统或现场总线网络。也就是说，现场总线与现场总线控制系统或现场总线系统/网络往往是不做区分的。

与计算机系统一样，现场总线（系统）也是由硬件和软件两大部分组成的。硬件包括通信线（或称通信介质、总线电缆）、连接在通信线上的设备［称为总线设备或装置、节点、站点（主站、从站）］。软件包括以下几部分：组态工具软件——用计算机进行设备配置、网络组态提供平台的工具软件；组态通信软件——通过计算机将设备配置、网络组态信息传送至总线设备而使用的软件（将配置与组态信息根据现场总线协议/规范的通信要求进行处理，再从计算机通过总线电缆传送至总线设备）；控制器编程软件——用户程序提供编程环境的软件平台；用户程序软件——根据系统的工艺流程及其他要求而编写的

PLC（控制器）应用程序；设备接口通信软件——根据现场总线协议/规范而编写的用于总线设备之间通过总线电缆进行通信的软件；设备功能软件——使总线设备实现自身功能（不包括现场总线通信部分）的软件；监控组态软件——运行于监控计算机（通常也称为上位机）上，具有实时显示现场设备运行状态参数、故障报警信息，并进行数据记录、趋势图分析及报表打印等功能。

（三）现场总线的技术特点及优点

现场总线是当今 3C 技术，即通信（Communication）、计算机（Computer）、控制（Control）技术发展的结合点，也有人认为是过程控制技术、自动化仪表技术、计算机网络技术三大技术发展的交汇点，是信息技术、网络技术的发展在控制领域的体现，是信息技术、网络技术发展到现场的结果。

现场总线是自动化领域技术发展的热点之一，将对传统的工业自动化带来革命，从而开创工业自动化的新纪元。现场总线控制系统必将逐步取代传统的独立控制系统、集中采集控制系统和集散控制系统（DCS），成为 21 世纪自动控制系统的主流。

1. 现场总线的技术特点

与 DCS 等传统的系统相比，现场总线（系统）在本质上具有以下技术特点：

（1）现场总线是现场通信网络

这具有两方面的含义：①现场总线将通信线（总线电缆）延伸到工业现场（制造或过程区域），或总线电缆就是直接安装在工业现场的；②现场总线完全适应于工业现场环境，因为它就是为此而设计的。

（2）现场总线是数字通信网络

在现场总线（系统）中，同层的或不同层的总线设备之间均采用数字信号进行通信。具体地说是：①现场底层的变送器/传感器、执行器、控制器之间的信号传输均用数字信号；②中/上层的控制器、监控/监视计算机等设备之间的数据传送均用数字信号；③各层设备之间的信息交换均用数字信号。

传统的 DCS 的通信网络介于操作站与控制站之间，而现场仪表与控制站中的输入/输出单元之间采用的是一对一的模拟信号输出。

（3）现场总线是开放互联网络

现场总线作为开放互联网络是指：①现场总线标准、协议/规范是公开的，所有制造商都必须遵守；②现场总线网络是开放的，既可实现同层网络互联，也可实现不同层次网络互联，而不管其制造商是哪一家；③用户可共享网络资源。在①②③三者中，①起决定性作用，②③是①的结果。

（4）现场总线是现场设备互联网络

现场总线通过一根通信线将所需的各个现场设备（如变送器/传感器、执行器、控制器）互相连接起来，即用一根通信线直接互联 N 个现场设备，从而构成了现场设备的互联网络。

（5）现场总线是结构与功能高度分散的系统

①现场总线的系统结构具有高度分散性，这是由上述（3）（4）两点决定的；②现场总线的系统功能实现了高度分散——现场设备由分散的功能模块构成。

（6）现场设备的互操作性与互换性

①互操作性：不同厂商的现场设备可以互联，互相之间可以进行信息交换并可统一组态；②互换性：不同厂商的性能类似的现场设备可以互相替换。现场总线中现场设备的互操作性与互换性是 DCS 无法具备的。

2. 现场总线优点

现场总线所具有的数字化、开放性、分散性、互操作性与互换性及对现场环境的适应性等特点，决定和派生了其一系列优点：

（1）导线和连接附件大量减少

①一根总线电缆直接连接 N 台现场设备，电缆用量大大减少（原来 DCS 的几百根甚至几千根信号与控制电缆减少到现场总线的一根总线电缆）；②端子、槽盒、桥架、配线板等连接附件用量大大减少。其中，②是由①决定的。

（2）仪表和输入/输出转换器（卡件）大量减少

①采用人机界面、本身具有显示功能的现场设备或监视计算机代替显示仪表，使仪表的数量大大减少；②输入/输出转换器（卡件）的数量大大减少。在 DCS 系统中所用的 4~20 mA 线路只能获得一个测量参数，且与控制站中的输入/输出单元一对一地直接相连，因此输入/输出单元数量多。而在现场总线中，一台现场设备可以测量多个参数，并将它们以所需的数字信号形式通过总线电缆进行传送，因此对单独的输入/输出传换器（卡件）的需要减少了。

（3）设计、安装和调试费用大大降低

①因有优点（1），使原来 DCS 烦琐的原理图设计在现场总线中变得简单易行；②优点（1）的存在和标准接插件的使用使得安装和校对的工作量大大减少；③可根据需要将系统分为几个部分分别调试，使调试工作变得灵活方便；④强大的故障诊断功能使得调试工作变得轻松愉快。

（4）维护开销大幅度降低

①系统的高可靠性使系统出现故障的概率大大减少；②强大的故障诊断功能使故障的早期发现、定位和排除变得快速而有效，系统正常运行时间更长，维护、停工时间大大

减少。

（5）系统可行性提高

①系统结构与功能的高度分散性决定了系统的高可靠性；②现场总线协议/规范对通信可靠性方面（通信介质、报文检验、报文纠错、重复地址检测等）的严格规定保证了通信的高可靠性。

（6）系统测量与控制的精度提高

在现场总线中，各种开关量、模拟量就近转变为数字信号，所有总线设备间均采用数字信号进行通信，避免了信号的衰减和变形，减少了传送误差。换言之，现场总线采用数字信号通信这一数字化特点，从根本上提高了系统的测量与控制精度。

（7）系统具有优异的远程监控功能

①可以在控制室远程监视现场设备和系统的各种运行状态；②可以在控制室对现场设备及系统进行远程控制。

（8）系统具有强大的（远程）故障诊断功能

①可以论断和显示各种故障，如总线设备和连接器的断路、短路故障以及通信故障和电源故障等；②可以将各种状态及故障信息传送到控制室的监视/监控计算机中，大大减少了使用和维护人员不必要的现场巡视。当现场总线安装在恶劣环境中时，这尤其具有重要意义。

第二节　控制网络基础

一、控制网络概述

信息网络的发展推动着控制网络的发展。控制网络正沿着开放发展的道路前进。

（一）工业信息化与自动化的层次模型

工业企业的发展目标是实现工业企业信息化与自动化。工业企业的组织和管理模式正向“扁平化”方向发展，这就是一种新型的工业企业信息化与自动化的层次模型，它包括：信息层、自动化层、设备层。

1. 设备层的主要功能

（1）现场设备的标准化、规范化、数字化。

（2）现场设备方便接入与互联。

（3）实现现场设备的基本控制功能。

（4）现场总线是适应设备层开放发展策略的一类控制网络。

2. 自动化层的主要功能

（1）提供一个功能强大的控制主干网，允许各类现场总线与其互联。

（2）实现高层次的自动化控制功能，如协调控制、监督控制、优化控制以及新型的敏捷制造、虚拟企业生产模式等。

（3）能够方便实现与信息层的集成。

3. 信息层的主要功能

（1）建立以市场经济为先导的先进企业管理机制。

（2）具有综合信息管理与设备管理功能。

（3）能为自动化层提供科学决策、计划调度与生产指挥等。

这种层次模型是相对的，随着嵌入式系统的发展，设备层与自动化层正逐步融合在一起。同时，随着网络技术的发展，自动化层与信息化层也正在沿着集成的方向发展。

（二）控制网络类型及其相互关系

从控制网络组网技术来说，控制网络有共享式控制网络与交换式控制网络两大类。现场总线控制网络一般为共享式网络结构。为了增强网络的通信功能，分布式控制网络正在迅速发展，但不管是共享式控制网络，还是交换式控制网络均可组建分布式控制网络。随着嵌入式系统的发展，嵌入式控制网络显现出巨大的优越性。同样，共享式控制网络与交换式控制网络均可构建嵌入式控制网络。

（三）分布式控制网络技术

1. 分布式控制网络

由于不少控制系统生产厂商并不提供真正的开放平台，目前比较普遍的一种控制网络结构是：上层控制网络与下层的现场总线通过通信控制器组成一种主从式结构的控制网络。这种主从式结构控制网络的不足之处是：

（1）主从式控制结构增加系统的复杂性与额外的资源开销。

（2）通信控制器一般为专用控制器，不具备开放性系统的根本条件。

（3）控制网络的层次结构使网络间通信受到限制。

克服主从式控制网络结构不足之处的一种方法是采用分布式控制网络结构。

2. 分布式控制网络的特点

（1）在分布式控制网络中，各种现场总线控制网络通过路由器互联，路由器工作方式只是在网络中进行逻辑隔离，而非物理隔离，使通道之间透明。

(2) 分布式控制网络结构是一个集成的网络，一个网络工具可以在网上任何地点对网上的其他节点进行工作。使系统安装、监测、诊断、维护都非常方便。

(3) 控制网络之间遵循 TCP/IP 协议，实现控制网络的开放性。IP 路由器是实现分布式控制网络的关键设备，已引起各大公司的关注。EcheFon 与 Cisco 公司正紧密合作开发“隧道”路由器。

(四) 嵌入式控制网络技术

1. 嵌入式控制系统

由嵌入式控制器通过网络接口接入各类网络，包括 LAN、WAN、Internet、Intranet 等，组成一具有分布式网络信息处理能力、先进控制功能的控制网络，称嵌入式控制网络。

嵌入式控制系统具有如下特点：

(1) 嵌入式控制网络中嵌入式控制器的操作系统平台、网络通信平台为当今世界流行的开放式平台，为嵌入式控制网络的开放性奠定基础。

(2) 嵌入式控制器的操作平台，如 Windows CE，功能强，应用软件开发快捷、方便。在 PC Windows 操作系统上开发的应用软件能直接在 Windows CE 环境中运行，也就是说，开发嵌入式控制器应用软件无需专用的软件开发系统与工具。

(3) 功能强大的嵌入式 CPU 为嵌入式控制器提供高性能、高速处理能力及灵活的扩展方式。

(4) 支持 TCP/IP 协议，容易实现网络互联与网络扩展。

(5) 可应用各种网络作为嵌入式控制器接入主干网，这些主干网通信速率高，实时性好，并支持分布式网络计算，实现网络协同工作。同时，各种已经十分成熟的网络技术、网络设备可为组建高性能价格比的嵌入式控制网络提供有利的条件。

2. 嵌入式控制器

嵌入式控制器是设计用于执行指定独立控制功能并具有以复杂方式处理数据能力的控制系统。它由嵌入的微电子技术芯片（包括微处理芯片、定时器、序列发生器或控制器等一系列微电子器件）来控制电子设备或装置，从而使该设备或装置能够完成监视、控制等各种自动化处理任务。

嵌入式控制器主要用于实时控制、监视、管理或辅助其他设备运转，它由微处理器芯片、固化在芯片内的软件及其他部件共同组成。

嵌入式控制器软件结构包括：嵌入式操作系统；应用程序、应用程序编程接口 API；实时数据库等。

嵌入式 CPU 与通用型 CPU 相比呈现异彩纷呈的景象，目前世界上仅 32 位嵌入式 CPU 就有 100 种以上。嵌入式 CPU 大多工作在特定用户群设计的系统中，具有功耗低、体积小、集成度高等特点，有利于嵌入式控制器设计趋于小型化、智能化并与网络应用紧密结合。

现在国际上比较流行的嵌入式操作系统有：Microware 的 059、Sun 的 Java05、Microsoft 的 Windows CE 等。我国凯思集团也研发具有自主知识产权的通用嵌入式操作系统 HoPen。

Windows CE 是一套纯 32 位操作系统，系统内存容量小，采用弹性组合设计，组合类型包括：基本组合、基本网络组合、基本图形界面组合、基本视窗组合、基本 Shell 组合以及多功能多媒体组合等。不同组合内存容量从 250 kB 到 6 MB 不等，用户可根据应用需求，选择不同的组合设计。Windows CE2. 0 提供 5 种参考设计组合，Windows CE2. 1 提供 7 种参考设计组合。Windows CE3. 0 支持嵌入式实时应用系统。

Windows CE 支持众多的硬件平台，包括 Intel、AMD、Cyrix 的各种产品。

Windows CE 支持多用户、多线程，提供网络连接功能，包括 Winsock、RAS、TAPI、Modem 等。

Hopen 是一个实时、多用户、多线程、核心较小的 32 位通用嵌入式操作系统，适用于 AMD、Motorola 等多种嵌入式芯片，具有汉字与图形界面功能。

3. 网络接口

网络接口 Nl 为嵌入式控制器接入网络提供必要的条件。网络接口以 32 位 CPU 为中心，控制器完成网络接口的控制功能，通信接口有：RS232C 串行接口，通信协议转发器接口、网络接口等。

4. 分布式网络计算平台

分布式网络计算平台有：Microsoft 公司的分布式组件对象 DEOM；由 IBM、Sun Micro systems 公司等支持的 OMG 开发的应用对象代理体系结构 CORBA；Sun 公司的 Jini 等。

Jini 网络计算平台可应用于嵌入式控制网络。Jini 体系结构最重要的概念是服务，一个服务是一个实体，它可能是一次计算、存储、与另一个用户的交流、硬件设备的一次动作等。Jini 系统提供一种机制，在分布式系统中实现对服务的构造、查找、通信与使用。服务间的通信通过使用 Java 的远程方法调用 RMI 完成。

嵌入式控制器、网络接口、分布式网络计算平台不但能够构建开放的、功能强大的嵌入式控制网络，而且可实现控制网络与信息网络的无缝集成。

（五）分布式控制网络技术

以交换式集线器、交换式交换机、ATM 交换机等交换设备为中心构成的控制网络称为交换式控制网络。

1. 交换式控制网络技术特点

交换式控制网络与共享式控制网络相比，具有明显的技术特点：

（1）交换式控制网络具有高的传输带宽，交换式集成器与以太交换机带宽为 10 M/100 Mbps。它既有 10 Mbps 的带宽端口，也有 100 Mbps 的带宽端口，并且还有 10/100 Mbps 的自适应端口供用户选择。ATM 交换机带宽最低为 155 Mbps，高的可达 622 Mbps 以上。除此之外，利用网络分段，增加每个端口的可用带宽，可进一步缓解控制网络的拥塞状况。

（2）交换式控制网络容量大，一般可支持几十至几百个接入设备。同时，采用交换设备构建控制网络，具有组网方便的优点。

（3）交换式控制网络一般能提供无拥塞的服务与多对端口之间的同时通信。通过交换能够将信息迅速直接传送至目标设备，交换设备具有低交换传输延迟，一般交换式集成器或以太交换机交换传输延迟仅几十微秒，完全可满足实时控制的要求。

（4）可靠性高，交换设备的长期可靠工作特性，极大地支持了控制网络的可靠性。

2. 交换式控制网络的构建

构建交换式控制网络已有比较成熟的技术。

（1）交换式控制网络一般采用以交换设备为中心的星型拓扑结构，当控制网络规模较大或为满足控制网络功能划分需要时，可采用分段结构，构成更大的网络。

（2）交换机选用原则：①端口密度，接入控制设备越多，要求端口密度越高。此外，还要估计当端口增加时，对整个网络负载的影响。如果端口太多，频繁访问服务器，那么连接服务器的链路可能出现拥塞状况。②端口带宽，接入设备的带宽应与交换端口带宽相适应。③容错能力，控制网络的关键部件如服务器、主干连接、存储硬盘最好采用冗余技术，并能热切换。

（3）根据控制网络不同应用的要求，选择不同的组网方式。一般的控制网络应用，可采用普通的交换式以太控制网络，特别需要时可采用虚拟专用网 VPN 或 ATM 局域网仿真等。

二、网络拓扑

网络拓扑是指存在于网络中的各个节点之间相互的物理或者逻辑上的连接关系，拓扑发现就是用来确定这些节点以及它们之间的连接关系，这主要包括两方面的工作；一是节点的发现，包括主机、路由器、交换机、接口和子网等；二是连接关系的发现，包括路由器、交换机以及主机之间的相互连接关系等。网络拓扑发现技术在复杂网络系统的模拟、优化和管理、服务器定位以及网络拓扑敏感算法的研究等方面都有着不可替代的作用，同时网络拓扑发现技术也存在许多的困难和挑战。现今网络的规模和结构日益庞大复杂，如果想要获得准确完整的拓扑信息，就需要付出极大的工作量，而网络本身又没有提供任何专门针对网络拓扑发现的机制，使得管理人员经常不得不采用一些比较原始的工具进行网络拓扑发现，加大了网管人员的工作难度。网络中的节点经常会发生物理位置和逻辑属性上的变化，各个节点间的连接也经常发生着变化，导致整个网络的结构时常发生变化，再加上网络协议版本的更新换代以及动态路由策略的影响，使得发现的网络拓扑结构永远是过了时的拓扑结构。不同的管理机构管辖着不同的网络范围，不同的网络之间硬件和软件的类型又有很大的差异，这使得网络本身就具有异构性的特征，而且出于安全保密等方面的考虑，不同的网络都会采取一定的策略来隐藏自己的拓扑信息，这使得网络拓扑发现工作变得更加困难。

三、网络互联

（一）网络互联概念

国际标准化组织（ISO）制定了开放系统互联基本参考模型（OSI），OSI 参考模型采用分层结构技术，将整个网络的通信功能分为职责分明的七层，由高到低分别是：应用层、表示层、会话层、传输层、网络层、数据链路层、物理层。目前计算机网络通信中采用最为普遍的 TCP/IP 协议吸收了 OSI 标准中的概念及特征。TCP/IP 模型由四个层次组成：应用层、传输层、网络层、数据链路层+物理层。只有对等层才能相互通信。一方在某层上的协议是什么，对方在同一层次上也必须采用同一协议。路由器就工作在 TCP/IP 模型的第三层（网络层），主要作用是为收到的报文寻找正确的路径，并把它们转发出去。

“网络互联”主要是指不同子网之间的互相连接目的是解决子网间的数据流通，但这种流通尚未扩展到系统与系统之间。这里，把一个子网看作一条“链路”，而把子网之间的结（最终用互通单元 IvvU 如网关 Gateway 等来实现，统称为“中继系统”）看作一个交换节点，从而形成一个“超级网络”。超级网络要能未任意的一条协议提供连续的接续通路，要能提供端—端网络服务，来完成网间连接方式下的端—端通信。如果这个超级网络是由一些异型子网构成的，则“链路”之间将存在协议失配的情况，这会造成接续通路上协议能力出现不连续点。网络互联的任务就是要采用一些技术来消除这种（些）不连续点，以便允许通路两端的系统能够互相通信。

（二）网络互联体系结构

在研究和发展异构网络互联技术的过程中，人们首先要解决的课题是网络互联体系结构（互联体制）和互联协议的研究，而研究适合异构网络互联的通用体系结构，就相当于制定一个通用的互联策略。

（三）网络互联体制类别

在体系结构上，归纳起来，至今有两类能实现系统互通的网络互联体制，即“逐段法”体制和“端—端法”体制。

1. “逐段法”互联体制

这种体制又称为“协议变换”制式，它利用网关进行不同子网间的协议变换，使网间服务功能逐段调和在统一的服务层次上，它充分地利用各个子网现有接入机构提供的网络服务功能，不要求对这种机构做任何修改。在端—端连接的通路上，穿越每个子网作为一段（一跳程）。在每一段上，只利用该子网的服务功能和传递功能来完成该段上的连接通信。段与段之间的协调则由 IWIJ 的中继功能（包括协议变换、路由与流控等）来完成。最后在逐段链接的“超级”通路上为端系统 A—B 之间提供了等效的“端—端”传送服务，它是与网络无关的服务功能，为应用进程创建了互通环境。

在这种互联体制中，最终能提供给端系统之间的服务功能和服务等级，显然等于沿途所有子网所能提供的服务的公共子集。如要扩大这种服务子集，可以在网络服务机构（如 051/RM 的网络层）中增加执行某种规程（如所谓的“子网相关聚合协议”SNDCP），或者进行协议转换来完成服务变换。显然，这要付出更多的开发费用，增加了 IWU 的复杂性和成本，但它的运行费用较低，因为当业务通过较高质量等级的子网时，可避免那些不必要的控制和重传，降低了网络负荷和开销。

2. “端—端法”互联体制

这种体制亦称为“网间协议”制式，它要求两端系统执行相同的传送协议，以提供共同的与网络无关的传送服务功能，保证两端具有共同属性的全面服务，从而直接实现端—端通信，为应用进程创建互通环境。这种互联体制的一个关键点是：要从沿途各个子网的接入机构中，至少“提取”出一个共同的较简单的网络服务功能（例如数据报服务），作为公共的网间服务功能，因而整个网络互联体系也只提供这种服务功能，来支持统一的端—端传送服务。各端系统和各网关都执行相同的“网间协议”（IP），来实现这种网间服务功能。

这种体制可以使用较简单的网关，通路上故障点少，主要的开发和开销集中在端系统中。由于要求对网间公共服务的一致性，又考虑到异构网络各自服务质量等级的差异，所以每段只能“提取”较低等级的服务功能。在现有的 IP 标准中，只有无连接方式的数据报服务类型。因此，最后服务等级的改善，只能通过端—端传送协议（TP 或 TCP）来保证（例如完成排序、丢失重传、重叠检测等）。它的不合理性在于：对服务等级的提供，是在跨越所有子网链上进行的，这意味着那些质量等级高的网络要应付额外的控制而增加网络的负荷和开销。

（四）互联体制的比较与选择

在建立网络互联体系结构的整体模型之前，首先遇到的问题是采用“逐段法”体制还是采用“端—端”法体制，因为它是影响体系结构模型的最重要因素，是模型的基本框架，一般需从运行费用、研制费用、传输质量与可靠性、寻址策略和网关复杂性等多方面，对两种互联体制做一番比较。

基于上述比较，归纳出各自的优缺点如下：

1. “逐段法”互联体制

优点：能充分利用各子网的服务功能和质量等级；简化传送控制，业务传输质量和可靠性高，运行费用低。

缺点：寻址开销大，路由不够灵活，可能要求服务聚合和协议转换，因而网关较复杂，研制费用高。

2. “端—端法”互联体制

优点：全局寻址和独立路由，网络坚固性和可靠性高；网关技术简单，成本低。虽然目前只有提供数据报服务的网间协议，但它的适用面较宽，因为大多数网络（尤其是 LAN PRNFT、SATNFT 等）都提供数据报的无连接服务。

缺点：只能提供无连接方式的网络服务；业务的传输质量必须由端系统的传送服务来保证，增加了主机负荷和开发费用；对各互联子网的控制开销和运行费用较高。

（五）网络互联设备

1. 中继器

中继器工作于 OSI 的第一层（物理层），中继器是最简单的网络互联设备，连接同一个网络的两个或多个网段，主要完成物理层的功能，负责在两个网络节点的物理层上按位传递信息，完成信号的复制、调整和放大功能，从而增加信号传输的距离，延长网络的长度和覆盖区域，支持远距离的通信。一般来说，中继器两端的网络部分是网段，而不是子网。中继器只将任何电缆段上的数据发送到另一段电缆上，并不管数据中是否有错误数据或不适于网段的数据。大家最常接触的是网络中继器，在通信上还有微波中继器、激光中继器、红外中继器等，机理类似，触类旁通。

中继器：又称转发器，分为多路复用器、多口中继器、模块中继器和缓冲中继器等。它工作在 OSI 模型的最底层（物理层），作用是放大和再生信号，以使信号具有足够的能量在介质中进行长距离传输。

中继器由均衡放大器、定时提取电路、信码的判决和再生电路构成。

均衡放大：是将经传输线衰耗而且失真的基带信号加以均衡放大，以补偿传输线带来的衰耗和频率失真。

定时提取：是从输入的信码中提取时钟频率信息（时间指针），以产生用于判决和再生电路的定时脉冲（和发信端频率一致）。

信码再生：将已均衡放大后的信号用时间指针在固定的时刻进行判决，产生出再生的信息码，以继续传输。

判决方式：取均衡波幅度最大值的 1/2 为判决电平，当判决时钟到来后，若其幅度大于 1/2 的最大值，则判决为“1”；不然为“0”。因此，均衡波的质量直接影响判决。

中继器只能用于一个 LAN 中多个网段之间的连接，起扩展 LAN 的作用，没有其他功能（比如检错、纠错、过滤等功能）。从通信的角度上看，中继器类似于模拟通信中的线路放大器，完成的是信号传输功能。

从理论上讲，可以采用中继器连接无限数量的媒介段，然而实际上各种网络中接入的中继器数量因受时延和衰耗等的具体限制，最多允许 4 个中继器连接 5 个网段。

2. 网桥

网桥也叫桥接器，是连接两个局域网的一种存储—转发设备，它能将一个较大的 LAN 分解为多个网段，或将两个以上的 LAN 互联为一个逻辑 LAN，使 LAN 上的所有用户都可以访问服务器。

网桥工作在物理层之上的数据链路。即数据链层（LLC）和媒体访问控侧（MAC）子层。大多数网络（尤其是局域网）结构上的差异体现在 MAC 层，因此网桥被用于局域网中的 MAC 层的转换。它所连接的协议比中继器多，因此工能更强。网桥用来控制数据流量、处理传送差错、提供物理寻址、介质访问算法。

网桥具有筛选和过滤的功能，可以适当隔离不需要传播的信息，从而改善网络功能，包括提高整个扩展局域网的数据吞吐量和网络响应速度，并且还可以改善网络系统的安全保密性。

随着 LAN 上的用户数量和工作站数增加，LAN 上的通信也随之增加，因而引起性能下降。这是所有 LAN 共同存在的问题，特别是使用 IEEE801、3CSMA/CD 访问方法的 LAN，这个问题表现得更为突出。在这种 LAN 环境下，对网络进行分段，以减少网络上的用户数和通信量，可以用网桥隔离分段间的流量。

在用网桥划分网段时，一是减少每个 LAN 段上的通信量；二是要确保网段间的通信量小于每个网段内部的通信量。

3. 路由器

路由器跟集线器和交换机不同，是工作在 OSI 的第三层（网络层），根据 IP 进行寻址转发数据包。路由器是一种可以连接多个网络或网段的网络设备，能将不同网络或网段之间（比如局域网、以太网）的数据信息进行转换，并为信包传输分配最合适的路径，使它们之间能够进行数据传输，从而构成一个更大的网络。路由器之所以在互联网络中处于关键地位，是因为它处于网络层，一方面能够跨越不同的物理网络类型（DDN、FDDI、以太网等），另一方面在逻辑上将整个互联网络分割成逻辑上独立的网络单位，使网络具有一定的逻辑结构。路由器的主要工作是为经过路由器的每个数据帧寻找一条最佳传输路径，并将该数据有效地传送到目的站点。

路由器的基本功能是把数据（IP 报文）传送到正确的网络，包括：

（1）IP 数据报的转发，包括数据报的寻径和传送；

（2）子网隔离，抑制广播风暴；

（3）维护路由表，并与其他路由器交换路由信息，这是 IP 报文转发的基础；

（4）IP 数据报的差错处理及简单的拥塞控制；

（5）实现对 IP 数据报的过滤和记账。

由于网络层需要处理数据分组、网络地址、决定数据分组的转发、决定网络中信息的完整路由等，因此，路由器具有更多和更高的网络互联功能。除了路由选择和数据转发两大典型功能外，路由器一般还具有流量控制、网络和用户管理等功能。①数据转发：在网络间完成数据分组（报文）的传送；②路径选择：根据距离、成本、流量和拥塞等因素选择最佳传输路径引导通信；③流量控制：路由器不仅有更多的缓冲，还能控制收发双方的数据流量，使两者更匹配；④网络管理功能：路由器是连接多种网络的汇集点，网络之间的信息流都要通过路由器，利用路由器监视网络中的信息流动、监视网络设备工作、对信息和设备进行管理等是比较方便的。因为大部分路由器可以支持多种协议的传输，所以路由器连接的物理网络可以是同类网也可以是异类网，它能很容易地实现 LAN—LAN、LAN—WAN、WAN—WAN 和 LAN—WAN—LAN 等网络互联方式的连接。

4. 网关

网关也称信关、入口。网关是网络节点，它是进入另一网络的入口。在公司网中，代理服务器作为网关使用，连接内因特网和因特网。网关也可以是一个将信号由一个网络传送到另一网络的设备。20 世纪 80 年代初，ARPANET 在考虑 IP 协议的地址选择时，定义了两种路由选择方式，一种称为直接路由选择，另一种则是间接路由选择。对于直接路由选择，凡是属于同一个网络的计算机节点，IP 地址中具有相同的网络标识码（Net—ID），在 IP 数据报从发送者传送给接收者的过程中，进行直接路由选择。这种路由选择不经过网关。如果网络中的不同节点之间，IP 地址的网络标识码不同，就要做间接路由选择，IP 数据报报文从发送者发出后，中途要经过网关才能到达接收者的系统。这样，ARPANET 中的各个网络通过网关彼此相连，通信时的数据报经由一个一个网关的传送，直到最后送交数据报的接收节点。随着因特网的发展，网关的功能被赋予新的内容。ARPANET 实现不同网络连接时路由选择的网关，用今天的观点来看，只不过是一种通常使用的路由器而已。

由于需要实现异型网络之间的连接，就存在不同网络协议之间的转换问题。一些不采用 TCP/IP 协议的网络，例如 X-25 公共交换数据网，BITNET，它们在同因特网连接时，要求其间的网关不仅有路由器的功能，也要有网络协议转换的功能。所以现在一般把网关视为在不同网络之间实现协议转换并进行路由选择的专用网络通信计算机。一些计算机网络生产厂家为特定的网络协议转换和路由选择算法设计了专用网关，如 DEC 公司推出的“DECnet—X. 25 网”网关，“DECnet—SNA 网（IBM）”网关等。

当两种不同的网络互联构成更大的网络时，实现网络间地址机制的映射、协议的转换、分组的分割与组装、网络间的控制以及送取权限与记账等功能的设备。

第三节 控制区域网——CAN

一、CAN 总线的发展

CAN 总线最初出现在 20 世纪 80 年代末的汽车工业中，由德国 Bosch 公司最先提出。当时，由于消费者对汽车功能的要求越来越多，而这些功能的实现大多是基于电子操作的，这就使得电子装置之间的通信越来越复杂，同时也意味着需要更多的连接信号线。这样会导致电控单元针脚数增加、线路复杂、故障增多及维修困难。提出 CAN 总线的最初动机就是为了解决现代汽车中庞大的电子控制装置之间的通信，减少不断增加的信号线。

CAN 总线被设计作为汽车环境中的微控制器通信，在车载各电子控制装置 ECU 之间交换信息，形成汽车电子控制网络。现代汽车典型的控制单元有电控燃油系统、电控传动系统、防抱死制动系统（ABS）、防滑控制系统（ASR）、废气再循环控制、巡航系统和空调系统等，这些系统中采用单片机作为直接控制单元，用于对传感器和执行部件的直接控制。每个单片机都是控制网络上的一个节点，一辆汽车不管有多少个电控单元，不管信息容量有多大，每个电控单元都只须引出两条导线共同接在节点上，这两条导线就称作数据总线（BUS）。

于是，就设计了这个单一的网络总线，让所有的外围器件挂接在该总线上。一个由 CAN 总线构成的单一网络中，理论上可以挂接无数个节点，但实际应用中，所挂接的节点数目会受到网络硬件的电气特性或（和）延迟时间的限制。

使用控制单元网络进行通信的前提是，各电控单元必须使用和解读相同的“电子语言”，这种语言称“协议”。汽车控制单元网络常见的传输协议有数种，为了使不同厂家生产的零部件能在同一辆汽车中进行有效、协调的工作，并实现与众多的控制与测试仪器之间的数据交换，就必须制定标准的通信协议。

二、CAN 总线的性能特点

CAN 总线即控制器局域网络。由于其高性能、高可靠性及独特的设计，CAN 越来越受到人们的重视。其应用范围目前已经不再局限于汽车行业，而向过程工业、机械工业、纺织机械、农用机械、机器人、数控机床、医疗器械及传感器等领域发展。

CAN 总线是德国 BOSCH 公司从 20 世纪 80 年代初为解决现代汽车中众多的控制与测试仪器之间的数据交换而开发的一种串行数据通信协议，它是一种多主总线，通信介质可以是双绞线、同轴电缆或光导纤维。通信速率可达 1 MBPS。CAN 总线通信接口中集成了 CAN 协议的物理层和数据链路层功能，可完成对通信数据的成帧处理，包括位填充、数据块编码、循环冗余检验、优先级判别等项工作。

CAN 协议的一个最大特点是废除了传统的站地址编码，而代之以对通信数据块进行编码。采用这种方法的优点可使网络内的节点个数在理论上不受限制，数据块的标识码可由 11 位或 29 位二进制数组成，因此可以定义 211 个或 229 个不同的数据块，这种按数据块编码的方式，还可使不同的节点同时接收到相同的数据，这一点在分布式控制系统中非常有用。数据段长度最多为 8 个字节，可满足通常工业领域中控制命令、工作状态及测试数据的一般要求。同时，8 个字节不会占用总线时间过长，从而保证了通信的实时性。CAN 协议采用 CRC 检验并可提供相应的错误处理功能，保证了数据通信的可靠性。CAN 卓越的特性、极高的可靠性和独特的设计，特别适合工业过程监控设备的互联，因此，越来越受到工业界的重视，CAN 已经形成国际标准，并已被公认为几种最有前途的现场总线之一。

另外，CAN 总线采用了多主竞争式总线结构，具有多主站运行和分散仲裁的串行总线以及广播通信的特点。CAN 总线上任意节点可在任意时刻主动地向网络上其他节点发送信息而不分主次，因此可在各节点之间实现自由通信。CAN 总线协议已被国际标准化组织认证，技术比较成熟，控制的芯片已经商品化，性价比高，特别适用于分布式测控系统之间的数通信。CAN 总线插卡可以任意插在 PC AT XT 兼容机上，方便地构成分布式监控系统。

CAN 属于总线式串行通信网络，由于其采用了许多新技术及独特的设计，与一般的通信总线相比，CAN 总线的数据通信具有突出的可靠性、实时性和灵活性。其特点可概括为：

（1）CAN 为多主方式工作，网络上任一节点均可在任意时刻主动地向网络上其他节点发送信息，而不分主从，通信方式灵活，且无须站地址等节点信息。利用这一特点可方便地构成多机备份系统。

（2）CAN 网络上的节点信息分成不同的优先级，可满足不同的实时要求，高优先级的数据最多可在 134 us 内得到传输。

（3）CAN 采用非破坏性总线仲裁技术，当多个节点同时向总线发送信息时，优先级较低的节点会主动地退出发送，而最高优先级的节点可不受影响地继续传输数据，从而大大节省了总线冲突仲裁时间。尤其是在网络负载很重的情况下也不会出现网络瘫痪情况。

（4）CAN 只需通过报文滤波即可实现点对点、一点对多点及全局广播等几种方式传送接收数据，无须专门的“调度”。

（5）CAN 的直接通信距离最远可达 10km（速率 5kbps 以下）；通信速率最高可达 1 Mbps（此时通信距离最长为 40 km）。

（6）CAN 上的节点数主要取决于总线驱动电路，目前可达 110 个；报文标识符可达 2 032 种。

（7）采用短帧结构，传输时间短，受光干扰概率低，具有极好的检错效果。

（8）CAN 的每帧信息都有校验 CRC 及其他检错措施，保证了数据出错率极低。

（9）CAN 节点在错误严重的情况下具有自动关闭输出功能，以使总线上其他节点的操作不受影响。

三、CAN 总线的技术介绍

（一）位仲裁

要对数据进行实时处理，就必须将数据快速传送，这就要求数据的物理传输通路有较高的速度。在几个站同时需要发送数据时，要求快速地进行总线分配。实时处理通过网络交换的紧急数据有较大的不同。一个快速变化的物理量，如汽车引擎负载，将比类似汽车引擎温度这样相对变化较慢的物理量更频繁地传送数据并要求更短的延时。

CAN 总线以报文为单位进行数据传送，报文的优先级结合在 11 位标识符中，具有最低二进制数的标识符有最高的优先级。这种优先级一旦在系统设计时被确立后就不能再被更改。总线读取中的冲突可通过位仲裁解决。当几个站同时发送报文时，站 1 的报文标识符为 011111；站 2 的报文标识符为 0100110；站 3 的报文标识符为 0100111。所有标识符都有相同的两位 01，直到第 3 位进行比较时，站 1 的报文被丢掉，因为它的第 3 位为高，而其他两个站的报文第 3 位为低。站 2 和站 3 报文的 4 位、5 位、6 位相同，直到第 7 位时，站 3 的报文才被丢失。注意，总线中的信号持续跟踪最后获得总线读取权的站的报文。在此例中，站 2 的报文被跟踪。这种非破坏性位仲裁方法的优点在于，在网络最终确定哪一个站的报文被传送以前，报文的起始部分已经在网络上传送了。所有未获得总线读取权的站都成为具有最高优先权报文的接收站，并且不会在总线再次空闲前发送报文。

CAN 具有较高的效率是因为总线仅仅被那些请求总线悬而未决的站利用，这些请求是根据报文在整个系统中的重要性按顺序处理的。这种方法在网络负载较重时有很多优点，因为总线读取的优先级已被按顺序放在每个报文中了，这可以保证在实时系统中较低的个体隐伏时间。

对于主站的可靠性，由于 CAN 协议执行非集中化总线控制，所有主要通信，包括总线读取（许可）控制，在系统中分几次完成。这是实现有较高可靠性的通信系统的唯一方法。

（二）CAN 与其他通信方案的比较

实践中，有两种重要的总线分配方法：按时间表分配和按需要分配。在第一种方法中，不管每个节点是否申请总线，都对每个节点按最大期间分配。由此，总线可被分配给每个站并且是唯一的站，而不论其是立即进行总线存取或在特定时间进行总线存取。这将保证在总线存取时有明确的总线分配。在第二种方法中，总线按传送数据的基本要求分配给一个站，总线系统按站所希望的传送分配（如：Ethernet CSMA/CD）。因此，当多个站同时请求总线存取时，总线将终止所有站的请求，这时将不会有任何一个站获得总线分配。为了分配总线，多于一个总线存取是必要的。

CAN 实现总线分配的方法，可保证当不同的站申请总线存取时，明确地进行总线分配。这种位仲裁的方法可以解决当两个站同时发送数据时产生的碰撞问题。不同于 Ethernet 网络的消息仲裁，CAN 的非破坏性解决总线存取冲突的方法，确保在不传送有用消息时总线不被占用。甚至当总线在重负载情况下，以消息内容为优先的总线存取也被证明是一种有效的系统。虽然总线的传输能力不足，所有未解决的传输请求都按重要性顺序来处理。在 CSMA/CD 这样的网络中，如 Ethernet，系统往往由于过载而崩溃，而这种情况在 CAN 中不会发生。

（三）CAN 的报文格式

在总线中传送的报文，每帧由 7 部分组成。CAN 协议支持两种报文格式，其唯一的不同是标识符（ID）长度不同，标准格式为 11 位，扩展格式为 29 位。

在标准格式中，报文的起始位称为帧起始（SOF），然后是由 11 位标识符和远程发送请求位（RTR）组成的仲裁场。RTR 位标明是数据帧还是请求帧，在请求帧中没有数据字节。

控制场包括标识符扩展位（IDE），指出是标准格式还是扩展格式。它还包括一个保留位（ro），为将来扩展使用。它的最后四个字节用来指明数据场中数据的长度（DLC）。数据场范围为0~8个字节，其后有一个检测数据错误的循环冗余检查（CRC）。

应答场（ACK）包括应答位和应答分隔符。发送站发送的这两位均为隐性电平（逻辑1），这时正确接收报文的接收站发送主控电平（逻辑0）覆盖它。用这种方法，发送站可以保证网络中至少有一个站能正确接收到报文。

报文的尾部由帧结束标出。在相邻的两条报文间有一很短的间隔位，如果这时没有站进行总线存取，总线将处于空闲状态。

四、CAN 总线的技术特点

目前，除了有大量可用的低成本的 CAN 接口器件之外，CAN 之所以在世界范围内得到广泛认可是由于它具有如下突出的特点。

多主方式及面向事件的信息传输：只要总线空闲总线系统中的任何一个节点都可发送信息，所以，任何一个节点均可以与其他的节点交换信息。这一特点非常重要，因为正是它才使面向事件的信息传输成为可能。

帧结构：CAN 总线的数据帧由7部分组成：帧起始、仲裁场、控制场、数据场、CRC场、应答场、帧尾。其中帧起始由一个单独的“显性”位（bit）组成，仲裁场由29 bit 组成（早期版本为11 bit），控制场由6 bit 构成，数据场由0至8 byte 的数据组成，不能多于8字节，CRC 场由16 bit 组成，应答场由2 bit 构成，帧尾由7 bit（“隐性”）组成。

每个帧都具有一定的优先权，帧的优先权是由帧的仲裁场（又称为帧标志，用ID表示）决定的。

非破坏性仲裁（CSMA/CD）方式：与普通的 Ethernet 不同，CAN 总线访问仲裁是基于非破坏性的总线争用仲裁方案。当总线空闲时，线路表现为“闲置”电平，此时任何站均可发送报文，任何节点都可以开始发送信息帧，这样就可能导致两个以上的节点同时开始访问总线。CAN 的物理层具有如下特性：只有当所有的节点都写入从属位（1，recessive level），网络上才是1，只要有一个节点写入决定位（0，dominant level），网络上就是0，也就是说，决定位覆盖从属位；CAN 总线上的任何一个节点写总线的同时也在读总线。为了防止破坏另一个节点的发送帧，一个节点在发送帧标志和 RTR 位的过程中一直在监控总线，一旦检测到发送隐性位得到一个显性位，则表明有比自己优先权高的节点在使用总线，节点自动转入监听状态，检验是不是自己需要的数据。优先权高的信息帧不会被破坏而是继续传输。这种仲裁原则保证了最高优先权的信息帧在任何时间都可优先发送，同时充分地利用了总线的带宽。

五、CAN 总线的应用优势及发展

（一）CAN 总线的应用优势

1. 信息共享

采用 CAN 总线技术可以实现各 ECU 之间的信息共享，减少不必要的线束和传感器。例如，具有 CAN 总线接口的电喷发动机，其他电器可共享其提供的转速、水温、机油压力、机油温度、油量瞬时流速等，这样一方面可省去额外的水温、油压、油温传感器，另一方面可以将这些数据显示在仪表上，便于司机检查发动机运行工况，从而便于发动机的保养维护。

2. 减少线束

新型电子通信产品的出现对汽车的综合布线和信息的共享交互提出了更高的要求，传统的电气系统大多采用点对点的单一通信方式，相互之间少有联系，这样必然造成庞大的布线系统。据统计一辆采用传统布线方法的高档汽车中，其导线长度可达 2 000m，电气节点达 1 500 个，而且该数字大约每 10 年增长 1 倍。这种传统布线方法不能适应汽车的发展。CAN 总线可有效减少线束，节省空间。例如某车门、后视镜、摇窗机、门锁控制等的传统布线需要 20~30 根，应用总线 CAN 则只需要 2 根。

3. 关联控制

在一定事故下，需要对各 ECU 进行关联控制，而这是传统汽车控制方法难以完成的。CAN 总线技术可以实现多 ECU 的实时关联控制。在发生碰撞事故时，汽车上的多个气囊可通过 CAN 协调工作，它们通过传感器感受碰撞信号，通过 CAN 总线将传感器信号传送到一个中央处理器内，控制各安全气囊的启动弹出动作。

（二）CAN 总线的发展趋势

近年来，由于企业规模的不断扩大，生产过程控制系统也越来越复杂，系统的非线性增强、时滞增大，而且很难给系统的每个环节建立精确的数学模型，这就要求模糊逻辑控制的应用。现场总线的强大网络功能实现集中化管理，而对必要的现场环节实行分散的模糊控制。

随着企业管理水平和信息化水平的提高、集成电路技术和计算机技术的发展，必然要求处于底层的现场总线测控网段与企业高层的管理网络互联，以便及时了解生产现场状况并实现管理和控制现场的操作。因此，CAN 总线网络将进一步发展，通过网关或网桥向上与企业管理系统以太网连接构成管控一体化网络。

第七章　电气自动化控制技术的应用

第一节　电气自动化控制技术在工业中的应用

20 世纪中叶，在电子信息技术、互联网智能技术的发展影响下，工业电气自动化技术初步应用于社会生产管理中，经过半个多世纪的发展，工业电气自动化技术的发展日臻成熟，逐渐应用于社会生产、生活的方方面面，对于电子信息时代的发展具有至关重要的时代意义。进入信息化时代以来，人们的生产、生活观念同步变化，对工业电器行业的发展提出更高的要求，工业电气系统不得不进行与时俱进的改革。同时，随着电气自动化技术水平的日益完善，电气自动化技术在工业电气系统的发展已成为必然趋势，具有跨时代的研究价值，对于社会经济的发展有着十分重要的推动意义，可以进一步推动国家的繁荣昌盛。

一、电气自动化控制工业应用发展现状

工业电气自动化的应用能够促进现代工业的发展，它可以有效节约资源，降低生产成本，为我国带来更大的经济效益和社会效益。工业电气自动化技术能够有效提升我国电气化技术的使用水平，有效缩短我国在工业电气自动化方面与国外发达国家之间的差距，促进我国国民经济的快速发展。很多 PLC 厂商依照可编程控制器的国际标准 IEC61131，推出很多符合该标准的产品和软件。在工业电气自动化领域，电气自动化技术的应用为工业领域添加了新活力，我们可以通过现场总线控制系统连接自动化系统和智能设备，解决系统之间的信息传递问题，对工业生产具有重大的意义。现场总线控制系统与其他控制系统相比具有很多优势和特点，如智能化、互用性、开放性、数字化等，已被广泛应用于生产的各个层面，成为工业生产自动化的主要方向。

（一）电气自动化的快速发展

科技的不断发展推动了电气自动化的快速发展，使得电气自动化被广泛应用于工业生产中，各类自动化机械正逐步替代人工进行工作，或是做着一些由于环境危险人工无法完成的工作，有效节约了生产成本和时间，提升了工作效率，为企业带来了更大的经济效

益。同时，工业电气自动化技术也被广泛应用于人们的日常活动中。为了给社会培养更多电气自动化人才，我国很多高校都开设了电气自动化专业。我国电气自动化专业最早出现于20世纪50年代，各高校开展电气自动化专业仅经过半个多世纪的发展就取得了显著的成就，再加上电气自动化有专业面宽、适用性广的特点，经过国家几次大规模调整，电气自动化技术仍然具有蓬勃的发展前景。近年来，随着电子科技的不断发展，推动了工业电气自动化技术在各个工业生产领域和人们日常活动中的应用，并取得了显著成效。纵观工业电气自动化的发展历程，信息技术的快速发展直接决定了工业电气的自动化发展，并为工业电气自动化的发展提供了基础，同时，也推动了工业电气自动化技术的应用。大规模的集成电路为工业电气自动化的应用提供了设备依赖，使物理科学固体电子学对工业电气自动化的发展产生了重要影响。

（二）电气自动化控制工业具体应用

随着时代的发展，工业电气自动化推动了现代工业的发展，提升了我国电气自动化技术的水平，增强了我国工业实力。国家标准 EC61131 的颁布为 PLC 设计厂商提供了可编程控制器的参考，为工业电气自动化技术的应用增添了新的活力。可以实现现场总线控制系统与智能设备、自动化系统的连接，以此解决各个系统之间信息传递存在的问题。对工业生产具有重要影响。例如，数字化、开放性、互用性、智能化的电气自动化发展方向，逐渐在工业生产中实现，在对其系统结构设置时也广泛应用到生产活动的各个层面中。

设备与化工厂之间的信息交流在现场总线控制系统建立的基础上逐渐加强，为它们之间的信息交流提供了便利，现场总线控制系统还可以根据具体的工业生产活动内容设定，针对不同的生产工作需求，建立不同的信息交流平台。

二、电气自动化控制工业应用发展策略

（一）统一电气自动化控制系统标准

电气自动化工业控制体系的健全和完善，与拥有有效对接服务的标准化系统程序接口是分不开的，在电气自动化实际应用过程中，可以依据相关技术标准规范、计算机现代化科学技术等，推动电气自动化工业控制体系的健康发展和科学运行，不仅能够节约工业生产成本、降低电气自动化运行的时间、减少工业生产过程中相关工作人员的工作量，还能够简化电气自动化在工业运行中的程序，实现生产各部之间数据传输、信息交流、信息共享的畅通。

（二）架构科学的网络体系

架构科学的网络体系，有利于推动电气自动化控制工业的健康化、现代化、规范化发展，发挥积极的辅助作用，实现现场系统设备的良好运行，促进计算机监控体系与企业管理体系之间交叉数据、信息的高效传递。同时企业管理层还可以借用网络控制技术实现对现场系统设备操作情况的实时监控，提高企业管理效能。而且随着计算机网络技术的发展，在电气自动化控制网络体系中还要建立数据处理编辑平台，营造工业生产管理安全防护系统环境，因此，建立科学的网络体系，完善电气自动化控制工业体系，发挥电气自动化的综合运行效益。

（三）完善电气自动化系统工业应用平台

完善电气自动化系统工业应用平台则需建立健康、开发、标准化、统一的应用平台，对电气自动化控制体系的规范化设计、服务应用具有重要作用和影响。良好的电气自动化系统工业应用平台能够为电气自动化控制工业项目的应用、操作提供支撑保障，并发挥积极的辅助作用。在系统运行的各项工作环节中，有效地缓解工业生产中电气自动化设备的实践、应用所消耗的经济成本，同时还可以提升电气设备的服务效能和综合应用率，满足用户的个性化需求，实现独特的运行系统目标。在实际应用中，可以根据工业项目工程的客户目标、现实状况、实际需求等运行代码，借助计算机系统中 CE 核心系统、操作系统中的 NT 模式软件实现目标化操作。

三、工业电气自动化控制技术的意义与前景

工业电气自动化技术在工业电气领域的应用，其意义通常在于对市场经济的推动作用和生产效率的提升效果两方面。在市场经济的推动作用方面，工业电气自动化技术的应用在实现各类电器设备最大化使用价值的同时，有效强化工业电气市场各个部门之间的衔接，保证工业电气管理系统的制度性发展，以工业电气管理系统制度的全面落实确保工业电气系统的稳定快速发展，切实提升工业电气市场的经济效益，进而促进整体市场经济效益的提升。在生产效率的提升效果方面，工业电气自动化技术的应用可以提升工业电气自动化管理监督的监控力度，进行市场资源配置的合理优化和工业成本的有效控制，同时给生产管理人员提供更加精确的决策制定依据，在降低工业生产人工成本的同时，提升工业生产效率，促使工业系统的长期良性循环发展。

通过工业电气自动化的发展，可以有效地节约在现代工业、农业及国防领域的资源，降低成本费用，从而取得更好的经济和社会效益。随着我国工业自动化水平的提高，我们

可以实现自主研发，缩短与世界各国之间的距离，从而推动国民经济的发展。我国的工业电气自动化企业应完善机制和体制，确立技术创新为主导地位，通过不断地提高创新能力，努力研发更好的电气自动化产品和控制系统。通过加强我国电气自动化的标准化和规范化生产，以科学发展观为指导思想，以人为本，学习先进的技术和经验，充分发挥人的积极性，从而加快企业转变经济增长方式，使我国的工业电气自动化技术和水平得到发展和提高。

随着我国工业电气自动化技术的发展，社会各界对其的关注度不断提高。为了实现工业电气自动化生产的规模化和规范化，应当不断规范我国电气传动自动化技术领域的相关标准。同时，为了进一步推动我国工业电气自动化技术的发展，提升我国工业电气自动化技术的自主研发能力，应当进一步完善相关体制、机制和环境政策，为企业自主研发电气自动化系统和产品提供发展空间，通过不断地提高我国工业电气自动化技术的创新能力，推动工业电气自动化生产企业经济增长方式的改变和工业电气自动化技术科学发展的新局面。通过相关的分析可知，我国工业电气自动化会不断朝着分布式信息化和开放式信息化的方向发展。

四、工业电气自动化技术的应用

（一）工业电气自动化技术的应用现状

在互联网信息技术的推动下，现有的工业电气自动化技术以包括计算机网络技术、多媒体技术等的信息技术为核心，结合诸如计算机 CAD 软件技术等人工智能技术，进行工业电气系统的故障实时监测和诊断，进行工业电气系统的全面有序控制，逐步实现工业电气系统的管理优化和完善。同时，当前形势下，工业电气自动化技术的应用关键在于工业电气仿真模拟系统的实现，以工业电气仿真系统辅助相关工作人员进行工业电气数据的事前勘测，为相关工作人员提供更加先进的电气研究系统，进而深入进行工业电气系统的研究。此外，当前的工业电气自动化技术以 IEC61131 为标准，运用计算机操作系统，建立工业电气系统的开放式管理平台，操作灵活，管理有效，维护有序，工业电气系统的自动化发展初见成效。

（二）工业电气自动化技术的应用改革

在工业电气系统的发展中，工业电气自动化技术的应用改革关键在于计算机互联网技术的应用和可编程逻辑控制器技术的应用。在工业电气自动化的计算机互联网技术应用中，计算机互联网技术的关键作用在于控制系统的高效性，进行工业电气配电、供电、变电等各个环节的全面系统性控制，实现工业电气配电、供电、变电等的智能化开展，配电、供电、变电等操作的效益更加高效，工业电气系统的综合效益得以有效提高。同时，工业电气自动化技术的应用可以实现工业电气电网调度的自动化控制，进行电网调度信息的智能化采集、传送、处理和运作等环节，工业电气系统的智能化效果更加显著，最大化经济效益得以实现。在工业电气自动化的 PLC 技术的应用中，借由 PLC 技术的远程自动化控制性能，自动进行工业电气系统工作指令的远程编程，有效地过滤工业电气系统的采集信息，快速高效地进行工业电气过滤信息的处理和储存，在工业电气系统的温度、压力、工作流等方面的控制效果明显，可以进行工业电气系统性能的全面完善，提高工业电气系统的工作效益，进而实现市场经济效益的全面提升，加快我国国民经济和社会经济的发展进程。

第二节　电气自动化控制技术在电力系统中的应用

随着科学技术不断发展，电气自动化技术对电力系统的作用也越来越重要。虽然我国对应用于电力系统中的电气自动化技术研究起步比较晚，但近年来还是取得了一定的成绩。当然，目前国内的这些技术与国外先进水平相比，仍存在比较大的差距。所以，对应用在电力系统中的电气自动化技术开展研究已经迫在眉睫。显而易见，电气自动化控制技术对监测、管理、维修电力系统的步骤都有着很大的影响，它能通过计算机了解电力系统实时的运行情况并可以有效解决电力系统在监测、报警、输电等过程中存在的问题，它扩大了电力系统的传输范围，让电力系统输电和生产效率得到了很大的提高，让电力系统的运营获得了更高的经济价值，进而促进了电气自动化控制在我国电力系统的实施。

科学技术的日益进步和信息化的快速发展是电力系统不断前进的根本推力。随着计算机技术在电力系统中不断向前发展，近年来，电力行业突飞猛进，电气自动化控制技术的发展已成为我国目前电力系统发展的主要问题。在这种趋势下，传统的运行模式已满足不了人们日益增长的需求。为了解放劳动生产力、节约劳动时间、降低劳动成本和促进资源的合理利用，电气自动化控制技术便应运而生，而传统的模式便退出舞台。电气自动化就成为电力行业的霸主。电气自动化主要是利用现如今最先进的科技成果和顶尖的计算机技术对电力系统的各个环节和进程进行严格的监管和把控，从而保证电力系统的稳定和安全。目前，电气自动化技术已渗透至各个领域，所以对电气自动化技术的深入了解和分析对国民经济的发展有划时代意义。

一、电力系统中应用电气自动化控制技术的应用概述

（一）电力系统中应用电气自动化控制技术的发展现状

伴随着我国经济社会发展进程的日益推进，各行各业和家庭生活中对于电力的需求量与日俱增，我国电网系统的规模也在日趋增大，传统的供变电和输配电控制技术必然无法满足现阶段日益增高的电力生产和配送的要求。由于电气自动化控制技术具有高效、快捷、稳定、安全等优势，符合我国电力系统的发展更多元、更复杂、更广泛的特点，能够切实降低电力生产成本、提高电力生产和配送效率、保障电力供应安全稳定，进而对提升电力企业的竞争力和企业价值具有非常重要的促进作用，因而电气自动化控制技术在我国电力系统中得到了非常广泛的应用。目前，我国的电力系统中对于电气自动化控制技术的应用已日趋成熟和完善。

（二）电力系统中电气自动化控制技术的作用和意义

近些年来，我国科学技术日益进步，尤其是在计算机技术领域和PLC技术领域不断取得崭新的科技成果，使得我国的电气自动化技术也获得了飞速发展。

这其中，计算机技术称得上是电力系统中电气自动化技术的核心。其重要作用在供电、变电、输电、配电等电力系统的各个核心环节均有体现。正是得益于计算机技术的快速发展，我国涉及各个区域、不同级别的电网自主调动系统才得以实现。同时，正是依赖于计算机技术，我国的电力系统才实现了高度信息化的发展，大大提高了我国电力系统的监控强度。

PLC技术是电气自动化控制技术中的另一项至关重要的技术。它是对电力系统进行自动化控制的一项技术，使得对于电力系统数据信息的收集和分析更加精确、传输更加稳定可靠，有效降低了电力系统的运行成本，提高了运行效率。

（三）电力系统中电气自动化控制技术的发展趋势

现阶段，电气自动化控制技术很大幅度提高了电力系统的工作效率还有安全性，改变了传统的发电、配电、输电形式，减少了电力工作人员的负荷，并对其安全起到了积极的作用。同时，该技术改变了电力系统的运行，让电力工作人员在发电站内就可以监测整个电力网络的运行并可以实时采集运行数据。以后的电气自动化控制会在一体化方面有所突破，现阶段的电力系统只能实现一些小故障的自主修理，对于一些稍微大一点的故障计算机还是束手无策。在人工智能化逐渐提高的未来，相信这一难题也会被攻克。实现电力系

统的检测、保护、控制功能三位一体化，电力系统将会更加安全和经济。

随着经济的日益发展，电气自动化控制技术在电力系统中得到了越来越广泛的应用。随着我国科技的不断进步，电气自动化控制技术也将向水平更高、技术更多元的方向发展，诸如信息通信技术、多媒体信息技术等科学技术，也将被纳入电气自动化的应用范畴。具体说来，可大致分为以下几个方面：

第一，我国电力系统中电气自动化技术的发展已趋于国际标准化。我国电力行业为了更好地与国际接轨、开拓国际市场，也对我国的电气自动化的技术研发实施了国际统一标准。

第二，我国电力系统中电气自动化技术的发展已趋于控制、保护、测量三位一体化。在电力系统的实际运行中，将控制、保护、测量三者的功能进行有效的组合和统一，能够有效提高系统的运行稳定性和安全性，简化工作流程、减少资源重复配置、提高运行效率。

第三，我国电力系统中电气自动化技术的发展已趋于科技化。随着电气自动化在我国电力系统中的应用范围的不断扩宽，其对计算机技术、通信技术、电子技术等科学技术的要求也不断提高。将先进的科学技术成果，不断应用到电力系统的实际工作中，将是电气自动化技术在我国电力系统中发展的另一大趋势。

二、电气自动化控制技术在电力系统中的具体应用

（一）电气自动化控制的仿真技术

我国的电气自动化控制技术不断和国际接轨。随着我国科技的进步和自主创新能力的增强，电力系统中关于电气自动化技术的研究逐渐深入，相关科研人员已经研究出了达到国际标准的可直接利用的仿真建模技术，大大提高了数据的精确性和传输效率。仿真建模技术不仅能对电力系统中大量的数据信息进行有效的管理，还能够构建出符合实际状况的模拟操作环境，进而有助于实施对电力系统的同步控制。同时，针对电气设备产生的故障，还能够有效地进行模拟分析，从而排除故障，提高系统的运行效率。另外，该项技术还有利于对电力系统中电气设备进行科学合理的测试。

仿真技术在实际的应用中需要诸多技术的支持，其核心技术是信息技术，以计算机及相关的设备作为载体，综合应用了系统论、控制论等一系列的技术原理，实现对系统的仿真，从而实现对系统的仿真动态试验。应用仿真技术能够有效地对不同的环境进行模拟，从而在正式的试验之前预先进行仿真试验，进一步确保电力系统运行的稳定与可靠。通常情况下，仿真试验会作为项目可行性论证阶段的试验，只有确保仿真试验通过以后才能够

正式进行实验室试验。采用仿真技术，电力系统就可以直接通过计算机的 TCP/IP 协议对电力系统运行中的信息和数据进行采集，然后通过网络传送到发电厂的数据信息终端中，具备一定仿真模拟技术的智能终端设备就可以快速地对电力系统运行过程中的各项信息数据进行审核评估。通过将仿真技术应用电力系统运行当中，电力系统在运行性中可以直接采集运行的信息和数据并做出判断，确保电力系统在运行过程中能够及时发现故障。

（二）电气自动化控制的人工智能控制技术

人工智能是以计算机技术为基础，通过对程序运行方式进行优化，从而让计算机实现对数据的智能化收集与分析，通过计算机来模拟人脑的反应与操作，从而实现智能化运行的一种技术。人工智能技术最主要的核心技术还是计算机技术，其在运行的过程中依赖于先进的计算机技术与数据处理技术，其在电力系统中的应用能够有效地提高电力系统的运行水平。通过人工智能技术应用到电力系统中，大大提高了设备和系统的自动化水平，实现了对电力系统运行的智能化、自动化和机械化的操作和控制。电力系统中采用人工智能技术主要是对电力系统中的故障进行自动检查并将故障信息进行反馈，从而使电力系统发生故障时能够得到及时的维修。当电力系统出现故障后，其主要工作方式是由人工智能技术中的馈线自动化终端对电力系统故障进行分析，并将故障数据信息通过串口 232 或 485 和 DTU 的终端进行连接，然后在 3G 或 2G 基站的作用下通过路由器上传至电力系统中发电场的检测中心进行检测。最后检查中心在较短的时间内对故障数据信息进行检测从而发现发生故障的原因，进而能够及时地对电网系统进行维修。

人工智能控制技术极大地促进了我国电力系统的安全性、稳定性和可控性。对于复杂的非线性系统而言，智能控制技术具有无法替代的重要作用。电力系统中智能控制技术的应用，不但提高了系统控制的灵活性、稳定性，还能增强系统及时发现和排除故障的能力。在实际运行中，只要电力系统的某个环节出现故障，智能控制系统都能及时发现并做出相应的处理。同时，工作人员还能够利用智能控制技术对电网系统进行远程控制，这大大提高了工作的安全性，增强了电力系统的可控性，进而提高了电力系统整体的工作效率。

（三）电气自动化控制的多项集成技术

电力系统中运用电气自动化的多项集成技术，对系统的控制、保护与测量等工程进行有机的结合，不仅能够简化系统运行流程，提高运行效率，节约运行成本，还能够提高电力系统的整体性，便于对电力系统的环节进行统一管理，从而更好地满足不同客户的用电需求，提升电力企业的综合竞争力。

（四）电气自动化控制技术在电网控制中的应用

电网的正常运行对于电力系统输配电的质量有着关键性的作用。电气自动化控制技术能够实现对电网运行状况的实时监控，并能够对电网实行自动化调度。在有效保障输配电效率的同时，促进了电力企业改变传统生产和配送模式，不断走向现代化，提高了企业的生产和经营效率。电网技术的发展离不开计算机技术和信息化技术的飞速进步。电网技术包括对电力系统中的各个运行设备进行实时监测，在提高对电力系统运行数据信息的收集效率、使得工作人员能够实时掌控设备运行情况的同时，更能够自动、便捷地排除故障设备，并且已经可以自动维修一些故障设备，大大提高了对电气设备的检修、维护的效率，加快了电力生产由传统向智能化转变的进程。

（五）计算机技术的应用

从技术层面来分析，电气自动化控制技术取得成功最重要的就是和计算机技术结合并在电力系统中得到广泛的利用。电子计算机技术被应用在电力系统的运行检修、报警、分配电力、输送电力等重要环节，它可以实现控制系统的自动化。计算机技术中应用最广泛的就是智能电网技术了，运用计算机技术我们可以利用复杂的算法对各个电网分配电力。智能电网技术代替了人脑对配电等需要高强度计算的作业，被广泛应用在发电站和电网之间的配电和输电过程中，减轻了电力工作人员的负担而且降低了出错的概率。电网的调度技术在电力系统中也是很重要的一个应用，它直接关系到电力系统的自动化水平，它的主要工作是对各个发电站和电网进行信息收集，然后对信息进行分类汇总，让各个发电站和电网之间实现实时沟通联系，进行线上交易，同时它还可以对我们的电力系统和各个电网的设备进行匹配，提高设备的利用率，降低电力的成本。同时它还有记录数据的功能，可以实时查看电力系统的各项运行状态。

（六）电力系统智能化

就现在的科技水平而言，我们已经在电力系统设备的主要工作原件、开关、警报等设备方面实现了智能化。这意味着我们能通过计算机控制危险设备的开关、对主要的发电设备进行实时监测并实现报警功能。智能化技术在运行过程中可以收集设备的运行数据，方便我们对电力系统的监控和维护，而且可以通过数据分析出设备存在的问题，起到预防的作用。在以后的智能化试验中，我们应着力研究输电、配电等设备的智能化。

传统的电力系统需要定期指派人员进行检测和检修工作，在电气自动控制之后，我们的电力系统可以实现实时在线监控，记录设备运行过程中的每一个数据，并且能够实现有效地跟踪故障因素，通过对设备记录数据的研究和分析及时发现设备存在的隐患，并鉴别故障的程度，如果故障程度较低可以实现自我修复，如果较高可以起到警报作用。这一技术不仅提高了电力系统的安全性，而且还降低了电力设备的检修成本。

（七）变电站自动化技术的应用

电力系统中最重要的一环就是变电站，发电站和各个电网之间的联系就是变电站。变电站的自动化主要是在计算机技术应用的基础上。要实现电力系统整体的电气控制自动化，不可缺少的环节就是实现变电站自动化。在变电站自动化中，不仅一次设备比如变压器、输电线或者光缆实现了自动化、数字化，它的二次设备也部分实现了自动化，比如某些地区的输电线已经升级为了计算机电缆、光纤来代替传统的输电线。电气自动控制技术可是在屏幕上模拟真实的输电场景，并记录每个时刻输电线中的电压，不仅对输电设备进行了监控，还对输电中的数据进行了实时记录。

（八）数据采集与监视控制系统的应用

数据采集与监视控制系统的简称为SCADA系统，是以计算机为基础的分布控制系统与电力自动化监控系统，在电网系统生产过程实现调度和控制的自动化系统。其主要是对在电网运行过程中对电网设备进行监视和控制，进而实现对电网系统的采集、信号的报警、设备的控制和参数的调节等功能，在一定程度上促进了电网系统安全稳定运行。在电网系统中加入SCADA系统，不仅能够有效地保障电力调度工作，还能够使电网系统的运行更加智能化和自动化。SCADA系统的应用，能够有效地降低电力工作人员的工作强度，保障电网的安全稳定运行，从而促进电力行业的发展。

第三节　电气自动化控制技术在楼宇自动化中的应用

在现代的城市建筑中，随着科学技术和建筑行业的高速发展，城市建筑的质量和性能都得到了大幅度提升，并且随着信息技术在社会各领域中的广泛应用，从而大幅度提高了现代建筑的性能。其中电气自动化就是现代城市建筑中应用最为广泛的技术，该技术能够大幅度提高建筑的性能，从而提高人们的生活质量，与此同时，在电气自动化的不断应用过程中，其本身也进行了相应的发展，从而使得电气自动化的水平得到了大幅度提高。然而就我国电气自动化在现代建筑自控系统中应用的实际情况而言，其中还存在一些较为严峻的问题，这些问题不仅影响到建筑的质量和性能，甚至还可能留下极大的安全隐患，进而威胁到建筑用户的生命财产安全。因此，为了提高楼宇自控系统的水平，加大对电气自动化的分析研究力度就显得尤为重要。

一、楼宇自动控制系统概述

所谓的自控系统其实就是建筑设备的一种自动化控制系统，而建筑设备通常则是指那些能够为建筑所服务或者能够为人们提供一些基本生存环境所必须用到的设备。在现代的房屋建筑中，随着人们生活水平的不断提高，实现设备也越来越多，在居民家中通常都会应用到空调设备和照明设备以及变配电设备等，而这些设备都能够通过一定的科学技术和手段来实现对这些设备的自动化控制，从而就能够将这些设备更加合理利用，与此同时，将这些设备实行自动化管理不仅能够节省大量的能源资源以及人力物力，还能够使这些设备更加安全稳定地运行。而随着科学技术的高速发展，在现代的建筑领域中，各种建筑理论和建筑技术都得到了快速发展，并且各种先进的建筑理论和建筑技术也层出不穷，从而为现代建筑实现电气自动化创造了有利条件。

楼宇自控系统是建筑设备自动化控制系统的简称。建筑设备主要是指为建筑服务的、那些提供人们基本生存环境（风、水、电）所需的大量机电设备，如暖通空调设备、照明设备、变配电设备以及给排水设备等，通过实现建筑设备自动化控制，以达到合理利用设备，节省能源、节省人力，确保设备安全运行之目的。

前些年人们提到楼宇自控系统，仅仅是建筑物内暖通空调设备的自动化控制系统，近年来已涵盖了建筑中的所有可控的电气设备，而且电气自动化已成为楼宇自控系统不可缺少的基本环节。在楼宇自控系统中，电气自动化系统设计占有重要的地位。最近几年，随着社会经济的发展，人们的生活水平不断提高，因此人们对现代的建筑也提出了更高的要求，因此在现代建筑中楼宇自控系统应运而生。然而在之前，所谓的楼宇自控系统通常只是局限于建筑物内的一些空调设备的，因此，为了提高楼宇自控系统的水平，加大对电气自动化的分析研究力度不仅意义重大，而且迫在眉睫。本节从电气接地出发，对电气自动化进行了深入的分析，然后对电气自动化在楼宇自控系统中的应用进行了详细阐述。希望能够起到抛砖引玉的效果，使同行相互探讨共同提高，进而为我国建筑行业的发展添砖加瓦。

二、电气接地

在建筑物供配电设计中，接地系统设计占有重要的地位，因为它关系到供电系统的可靠性，安全性。尤其近年来，大量的智能化楼宇的出现对接地系统设计提出了许多新的要求。目前的电气接地主要有以下两种方式：

（一）TN-S 系统

TN-S 是一个三相四线加 PE 线的接地系统。通常建筑物内设有独立变配电所时进线采用该系统。TN-S 系统的特点是，中性线 N 与保护接地线 PE 除在变压器中性点共同接地外，两线不再有任何的电气连接。中性线 N 是带电的，而 PE 线不带电。该接地系统完全具备安全和可靠的基准电位。只要像 TN-C-S 接地系统，采取同样的技术措施，TN-S 系统可以用作智能建筑物的接地系统。如果计算机等电子设备没有特殊的要求时，一般都采用这种接地系统。

在智能建筑里，单相用电设备较多，单相负荷比重较大，三相负荷通常是不平衡的，因此在中性线 N 中带有随机电流。另外，由于大量采用荧光灯照明，其所产生的三次谐波叠加在 N 线上，加大了 N 线上的电流量，如果将 N 线接到设备外壳上，会造成电击或火灾事故；如果在 TN-S 系统中将 N 线与 PE 线连在一起再接到设备外壳上，那么危险更大，凡是接到 PE 线上的设备，外壳均带电；会扩大电击事故的范围；如果将 N 线、PE 线、直流接地线均接在一起除会发生上述的危险外，电子设备将会受到干扰而无法工作。因此智能建筑应设置电子设备的直流接地、交流工作接地、安全保护接地，普通建筑也应具备的防雷保护接地。此外，由于智能建筑内多设有具有防静电要求的程控交换机房、计算机房、消防及火灾报警监控室，以及大量易受电磁波干扰的精密电子仪器设备，所以在智能楼宇的设计和施工中，还应考虑防静电接地和屏蔽接地的要求。

（二）TN-C-S 系统

TN-C-S 系统由两个接地系统组成，第一部分是 TN-C 系统，第二部分是 TN-S 系统，分界面在 N 线与 PE 线的连接点。该系统一般用在建筑物的供电由区域变电所引来的场所，进户之前采用 TN-C 系统，进户处做重复接地，进户后变成 TN-S 系统。TN-C 系统前面已做分析。TN-S 系统的特点是：中性线 N 与保护接地线 PE 在进户时共同接地后，不能再有任何电气连接。该系统中，中性线 N 常会带电，保护接地线 PE 没有电的来源。PE 线连接的设备外壳及金属构件在系统正常运行时，始终不会带电，因此 TN-S 接地系统明显提高了人及物的安全性。同时只要我们采取接地引线，各自都从接地体一点引出，及选择正确的接地电阻值使电子设备共同获得一个等电位基准点等措施，因此 TN-C-S 系统可以作为智能型建筑物的一种接地系统。

三、电气保护

（一）交流工作接地

工作接地主要指的是变压器中性点或中性线（N 线）接地。N 线必须用铜芯绝缘线。在配电中存在辅助等电位接线端子，等电位接线端子一般均在箱柜内。必须注意，该接线端子不能外露；不能与其他接地系统，如直流接地、屏蔽接地、防静电接地等混接；也不能与 PE 线连接。在高压系统里，采用中性点接地方式可使接地继电保护准确动作并消除单相电弧接地过电压。中性点接地可以防止零序电压偏移，保持三相电压基本平衡，这对于低压系统很有意义，可以方便使用单相电源。

（二）安全保护接地

安全保护接地就是将电气设备不带电的金属部分与接地体之间作良好的金属连接。即将大楼内的用电设备以及设备附近的一些金属构件，用 PE 线连接起来，但严禁将 PE 线与 N 线连接。

在现代建筑内，要求安全保护接地的设备非常多，有强电设备、弱电设备，以及一些非带电导电设备与构件，均必须采取安全保护接地措施。当没有做安全保护接地的电气设备的绝缘损坏时，其外壳有可能带电。如果人体触及此电气设备的外壳就可能被电击伤或造成生命危险。我们知道：在一个并联电路中，通过每条支路的电流值与电阻的大小成反比，即接地电阻越小，流经人体的电流越小，通常人体电阻要比接地电阻大数百倍，经过人体的电流也比流过接地体的电流小数百倍。当接地电阻极小时，流过人体的电流几乎等于零。实际上，由于接地电阻很小，接地短路电流流过时所产生的压降很小，所以设备外壳对大地的电压是不高的。人站在大地上去碰触设备的外壳时，人体所承受的电压很低，不会有危险。加装保护接地装置并且降低它的接地电阻，不仅是保障智能建筑电气系统安全、有效运行的有效措施，也是保障非智能建筑内设备及人身安全的必要手段。

（三）屏蔽接地与防静电接地

在现代建筑中，屏蔽及其正确接地是防止电磁干扰的最佳保护方法。可将设备外壳与 PE 线连接；导线的屏蔽接地要求屏蔽管路两端与 PE 线可靠连接；室内屏蔽也应多点与 PE 线可靠连接。防静电干扰也很重要。

在洁净、干燥的房间内，人的走步、移动设备，各自摩擦均会产生大量静电。例如，在相对湿度 10%~20%的环境中人的走步可以积聚 3.5 万伏的静电电压、如果没有良好的接地，不仅仅会产生对电子设备的干扰，甚至会将设备芯片击坏。将带静电物体或有可能产生静电的物体（非绝缘体）通过导静电体与大地构成电气回路的接地叫防静电接地。防静电接地要求在洁净干燥环境中，所有设备外壳及室内（包括地坪）设施必须均与 PE 线多点可靠连接。智能建筑的接地装置的接地电阻越小越好，独立的防雷保护接地电阻应≤10 Ω；独立的安全保护接地电阻应≤4 Ω；独立的交流工作接地电阻应≤4 Ω；独立的直流工作接地电阻应≤4 Ω；防静电接地电阻一般要求≤100 Ω。

（四）直流接地

在一幢智能化楼宇内，包含大量的计算机、通信设备和带有电脑的大楼自动化设备。这些电子设备在进行输入信息、传输信息、转换能量、放大信号、逻辑动作、输出信息等一系列过程中都是通过微电位或微电流快速进行，且设备之间常要通过互联网络进行工作。因此为了使其准确性高，稳定性好，除了需有一个稳定的供电电源外，还必须具备一个稳定的基准电位。可采用较大截面的绝缘铜芯线作为引线，一端直接与基准电位连接，另一端供电子设备直流接地。该引线不宜与 PE 线连接，严禁与 N 线连接。

（五）防雷接地

智能化楼宇内有大量的电子设备与布线系统，如通信自动化系统、火灾报警及消防联动控制系统、楼宇自动化系统、保安监控系统、办公自动化系统、闭路电视系统等，以及相应的布线系统。这些电子设备及布线系统一般均属于耐压等级低，防干扰要求高，最怕受到雷击的部分。不管是直击、串击、反击都会使电子设备受到不同程度的损坏或严重干扰。因此智能化楼宇的所有功能接地，必须以防雷接地系统为基础，并建立严密、完整的防雷结构。

智能建筑多属于一级负荷，应按一级防雷建筑物的保护措施设计，接闪器采用针带组合接闪器，避雷带采用 25×4（mm）镀锌扁钢在屋顶组成≤10×10（m）的网格，该网格与屋面金属构件做电气连接，与大楼柱头钢筋做电气连接，引下线利用柱头中钢筋、圈梁钢筋、楼层钢筋与防雷系统连接，外墙面所有金属构件也应与防雷系统连接，柱头钢筋与接地体连接，组成具有多层屏蔽的笼形防雷体系。这样不仅可以有效防止雷击损坏楼内设备，还能防止外来的电磁干扰。

第四节　电气自动化技术在煤矿生产领域的具体应用

提高效益和效率是煤矿生产的根本目标。随着煤矿生产规模的逐渐扩大，为提高煤矿的生产能力，煤矿企业对电气自动化技术提出了越来越高的要求。因此，强化电气自动化技术在煤矿生产领域的应用是大势所趋，这样不仅能够满足煤矿企业的发展要求，还有利于保证煤矿生产的安全。为了满足煤矿企业的需求，电气自动化技术逐步提升自身所涉及的操控精密程度及智能化程度，电气自动化技术逐渐朝着功能多样化、知识密集化和集成化方向转变。

电气自动化技术包括四个核心技术，即计算机技术、现代控制技术、通信技术和传感器技术，煤矿企业在应用电气自动化技术时也离不开这四个核心技术的支持。煤矿企业由于其特殊的工作环境和工作条件，对电气自动化技术的依赖程度较高，其未来的发展更是离不开电气自动化技术的支持。换言之，无论是现在还是未来，煤矿企业的特殊工作环境已经决定了电气自动化技术是煤矿生产中不可缺少的技术支持。

一、电气自动化技术在煤矿生产领域的应用现状

煤矿行业是我国一个较为特殊的行业，煤矿作为不可再生能源，其开采过程是一项非常复杂且庞大的工程。在井下综合开采煤矿时，要应用到多种设备，如刮板运输机、采煤机、带式输送机、刨煤机等。通过应用这些电气自动化设备，不仅能采掘丰富的煤矿资源，还能在一定程度上提高矿井的生产能力，改善煤矿的生产条件。由此可见，煤矿生产的整个过程都离不开电气自动化技术的支持。因为集成化、综合化是电气自动化技术的主要特点，这一技术又将其他技术、仪表、PIC 等多项内容结合在一起，所以其为煤矿生产提供的服务也具有多样性，可以在提升煤矿价值的同时，为煤矿企业创造更大的经济效益。

将电气自动化技术应用于煤矿生产，不仅可以发挥电气自动化技术的整体控制优势，还可以发挥电气自动化技术多方面的应用价值。在煤矿生产过程中引进电气自动化技术，可处理煤矿生产过程中出现的收益问题和安全问题，并监控煤矿生产活动；可以提升电气设施的工作水平，维持电气设施的稳定性，并提升煤矿生产的效率。近几年，煤矿生产逐步朝着智能化方向发展，借助电气自动化技术，煤矿生产的智能化发展已颇具成效。综上所述，将电气自动化技术应用于煤矿生产领域，不仅全方位提升了煤矿生产的品质，还优化了煤矿生产的环境。

二、电气自动化技术在煤矿生产领域的应用展望

（一）采煤、运输过程中电气自动化技术的应用

采煤机是挖掘煤矿时经常使用的设备之一。将电气自动化技术应用于采煤机，可以显

著提升采煤机的挖掘效率。现阶段，我国大多数采煤机都可以实现 1 000 kW 以上的总功率，少数优秀的采煤机可以实现 1500 kW 以上的总功率。在煤矿生产中，有些煤矿企业已经开始普遍使用电牵引采煤机，电牵引采煤机不仅可以提高工作效率和工作水平，还可以为企业带来巨大的生产收益。应用电牵引采煤机既在一定范围内提升了煤矿的实际产量，提升了煤矿企业的工作效率，保障了煤矿生产的安全性，又为煤矿企业带来了重要的价值。

自 20 世纪 80 年代开始，我国煤矿产量显著提升。在开采煤矿的过程中，由于采煤环境的不同，对采矿设备具有较高层次的要求，应用电气自动化技术成为必然选择。为了实现监控采煤过程的目的，煤矿企业应该在实际的控制过程中，应用远程监控方式，远程传输指令和监督采煤进程。为了保障采煤工作的高效率，降低能源的耗费，煤矿企业应该利用电气自动化技术来调整采煤机的功率，根据不同煤层的不同厚度状况，制订合适的开采计划。在井下运输煤矿时，国内的许多煤矿企业都会利用胶带运输设施，并将其与后期的 PLC 技术、DCS 架构体系和计算机技术相融合，最终构建起矿井安全生产体系，以此促进煤矿监控技术水平的提升。电气自动化技术在胶带运输设施中的应用也可以提升运输煤矿过程的安全性和高效性。

我国部分煤矿企业为了提升自身的生产效率，研发了胶带机的全数字直流调速体系，并应用了电气自动化集中监控体系，这在一定程度上促进了煤矿行业的发展。但是，这一举措也存在较多的不足之处，如缺乏安全性、无法满足生产需要等。目前，国内运用的晶闸管器件形成的斩波器是脉冲调速装置的主要方式。推行这项技术不仅可以提升煤矿运输设施的工作效率和安全性，还可以促使以 PLC 技术和计算机技术为关键内容的煤矿自动化体系的构建。此外，为了促进煤矿生产技术的成熟发展，可以借助电气自动化技术和变频技术的创新发展以及交频同步拖动调速体系的应用。

（二）排水系统中电气自动化技术的应用

为了提升排水系统的控制水平，使排水系统朝着自动化的方向发展，煤矿的排水系统中应该应用电气自动化技术。在煤矿的排水系统中应用电气自动化技术，具有以下优势：第一，可以实现无人操作，排水系统根据煤矿生产的需水量，合理有效地调节水泵的工作状况，提供自动化调度服务，使水泵处于变频状况，实现节约能耗的目的；第二，可以利用电气自动化技术监控排水系统的实际状况，及时防范过载、负压等情况的出现，完成排水系统的自动保护工作；第三，可以收集系统产生的信息数据，并将其传输至控制中心，通过电气自动化技术有效地掌握排水系统的运作情况，合理地调整排水系统的运行。

（三）监控系统中电气自动化技术的应用

为了满足煤矿生产的需求，保障井下作业的安全性，大部分煤矿企业在监控体系中应用了电气自动化技术，并且配置了红外线自动喷雾装置、断电仪、风电闭锁装置、瓦斯遥测仪等设施。但是，这些安全设施的传感器存在种类少、寿命短、无法进行日常维护等弊端，导致煤矿企业无法顺利地运行监控体系，无法提高监控体系的利用率，对煤矿生产的可靠性造成十分严重的负面影响。基于此，为了保障煤矿生产的安全性，煤矿企业应该在监控系统的发展进程中，将改造和发展自动化的电气设备作为自身的应用前景。

（四）通风系统中电气自动化技术的应用

通风系统是煤矿生产过程中不可或缺的一项内容，通风系统不仅可以为煤矿生产提供基本的安全保障，还可以改善煤矿生产的具体环境。将电气自动化技术应用于煤矿通风系统，能够有效地控制通风系统的运作，划分通风系统的操作方式，如半自动、自动等，满足通风系统的多功能需求。

为了对通风系统进行合理的控制，煤矿企业应该利用电气自动化技术持续扩展煤矿生产中的通风系统的功能，如报警、记忆等功能，以此促进通风系统的有效运行。此外，为了促进煤矿生产的安全维护，煤矿企业应该借助电气自动化技术，将通风系统的多种功用进行集成和运用。

第五节　电气自动化技术在汽车制造与汽车驾驶领域的具体应用研究

一、电气自动化技术在汽车制造领域的应用展望

（一）集成化系统的应用

在汽车制造领域应用电气自动化技术主要是指应用电气自动化控制系统的通信功能和控制功能，这也是电气自动化控制系统的发展方向。因受现有技术规范和接口设置的约束，电气自动化控制系统需要应用不同厂商的电气设备，致使系统具有较大的复杂性。例如，由于不同厂商电气设备的系统接口、通信接口等不同，导致系统的效率降低、复杂性增加。为了使电气自动化控制系统在汽车制造领域得到有效的应用，运用设施的工作人员或商家必须了解不同电气设备的使用方法，并且能熟练地运用不同的技术手段。现阶段，在汽车制造领域的电气自动化控制系统中，融合不同控制效用的技术的状况逐步增多。例如，计算机技术可融合不同通信功能，PLC 技术可以将控制功能和安全功能融合为一体，而计算机技术和 PLC 技术二者的结合可以将汽车制造领域中电气自动化控制系统的一部分

电脑控制器的运动控制功能和 PLC 功能结合在一起。

（二）安全 PLC 的应用

国内十分注重 PLC 的安全应用问题。所谓安全 PLC 是指在恶劣的环境下应用的 PLC 在其自身失效时不会危害电气设施和操作人员的安全。PLC 具备优秀的监测水平，主要体现在：在汽车制造领域中安全 PLC 达到了行业设定的安全等级，可以监测汽车制造各个环节的硬件状况、操作体系状况和执行程序状况。

（三）机器人、机器视觉技术的应用

目前，在汽车制造领域中已经普遍应用机器视觉，特别是随着传感技术、电气自动化技术、计算机技术的发展，机器视觉的应用越来越广泛。汽车制造领域中，机器视觉替代了传统的人工检测尺寸的手段，并普遍应用于在自动装配生产线是否统一、检查 PCB 自动光学、检测加工零件缺陷等方面。综上所述，因为人们物质生活水平持续提升，对汽车自动化和汽车舒适度的要求越来越高，所以在汽车制造行业中应用机器视觉技术和机器人技术拥有十分可观的应用前景。

二、电气自动化技术在汽车驾驶领域的应用

（一）自动泊车、自动驾驶技术

汽车的自动泊车功能有效地解决了停车难的问题。利用自动泊车技术，驾驶员只需要在合适的停车位按下启动按钮，便可以完成自动泊车。同时，自动驾驶技术也可应用于汽车驾驶领域，自动驾驶技术因为具备自动避免碰撞的系统，发展前景同样广阔。

（二）主动巡航技术

主动巡航控制（简称 ACC）系统是一种智能控制系统，主要基于定速巡航技术来自动调整车速，维持车身安全距离，以此达到自动加减车速的目的。计算机通过感应器提供的数据信息自动控制刹车系统和油门系统，既保障了驾驶员不使用双脚也能安全运行，还可以在驾驶员对车速进行设置后，利用车前方的雷达感应器实现车距认知；车辆驾驶的方位可以通过方向角感应器得到认知；车速可以通过前后轮毂上轮速感应器进行测量；为了提升发动机的动力性能，调节车辆的车速，可以通过发动机的扭矩控制器和发动机控制器对车辆发动机的扭矩输出进行调节和测量。

（三）车道偏移技术

在汽车中配置车道偏移技术可以形成车道偏移警示系统，该系统以车道偏离预警与车道保持辅助为主，避免驾驶员频繁操作方向盘。其工作原理是：通过内后视镜上的单目摄像头，车道偏离警示系统可以精准识别车辆两侧车道线，当车辆在没打转向灯的状态下变道，系统会对驾驶者发出警示，驾驶者就可以根据系统警示修正方向盘，以保证车辆时刻在车道内行驶；如果系统在警示过后仍未得到驾驶员回应并修正方向盘，此时转向系统会自动修正方向盘，直至车辆回到车道中间。

（四）线控技术

线控技术由遥控自动驾驶仪发展而来。这种技术将感应器获取的信息传输给中央处理器，利用中央处理器的逻辑控制向对应的执行组织发送信息。此外，线控技术可以代替以往的机械架构对汽车的运动进行电子线控。

将线控技术应用于汽车驾驶领域主要依靠位移传感器来实现。位移传感器通常安装在油门踏板内部，以随时监测油门踏板的位置。当位移传感器监测到油门踏板的高度位置发生变化时，会瞬间将此信息送往汽车控制系统中的电控单元上，电控单元对该信息和其他系统传来的数据信息进行运算处理，计算出一个控制信号，通过线路送到伺服电动机继电器，伺服电动机驱动节气门执行机构，数据总线则负责系统电控单元与其他设备电控单元之间的通信。线控技术的优势在于：第一，反应快速（其反应时间大约为 90 ms），安全优势极为突出，可以大幅度缩短刹车距离；第二，由于没有液压系统，也就不会发生液体泄漏。对于汽车来说，这一优势尤其重要，因为液体泄漏可能导致短路或元件失效，进而导致交通事故的发生。将这一技术应用于汽车驾驶领域可以保障汽车驾驶者的安全，同时也可以降低汽车的维修成本。

（五）预碰撞安全系统

预碰撞安全系统通过车头前的毫米波雷达和挡风玻璃上的单目摄像头协同检测（毫米波雷达检测前方物体速度与距离，摄像头检测物体大小和形状）。当车辆在时速 15～180 km/h 内，预碰撞安全系统判断前方可能会发生碰撞时，系统会及时发出红色警示和蜂鸣警报，提醒驾驶员注意，此时各刹车功能准备介入。如果此时驾驶员已经踩下制动，刹车辅助会立即介入，协助驾驶员制动车辆；如果驾驶员最终没能及时踩下制动，那么系统会自动制动，直至车辆刹停，避免事故发生，保护驾驶员的安全。

（六）动态雷达巡航控制系统

动态雷达巡航控制系统会在汽车车速处于 50～180 km/h 时开启，当驾驶者设定好跟车距离及巡航时速后，其他便可交给动态雷达巡航控制系统处理。

若前方有车，系统会根据设定好的距离跟车；若前方无车，系统会按照巡航时速行驶；若突然有车插到前面，并且以比较慢的速度行驶，系统会在主动刹车后，继续按照跟车距离行驶。

与 ACC 主动巡航不同的是，动态雷达巡航控制系统通过与预碰撞系统协同工作，所涵盖的驾驶场景更加广泛，更大程度地解放了驾驶员的双脚。

（七）自动调节远光灯系统

自动调节远光灯系统利用摄像头检测前方车辆或对向车辆的灯光，如果检测到对向有来车，且远光可能会对对方的视线产生影响时，系统会自动将远光转为近光，避免给对向汽车造成威胁。当路面照明情况恶劣，且对向无来车时，系统会自动切换成远光，保持夜间视野的明澈。自动调节远光灯系统可以非常精准地自动切换远近光，避免驾驶者频繁地切换灯光，从而保证驾驶者可以专心驾驶，保护驾乘者的安全。

参考文献

[1] 李付有，李勃良，王建强. 电气自动化技术及其应用研究［M］. 长春：吉林大学出版社，2020.

[2] 满永奎，王旭，边春元. 电气自动化新技术丛书通用变频器及其应用［M］. 4 版. 北京：机械工业出版社，2020.

[3] 牟应华，陈玉平. 高职高专全国机械行业职业教育优质规划教材三菱 PLC 项目式教程电气自动化技术专业［M］. 北京：机械工业出版社，2020.

[4] 何良宇. 建筑电气工程与电力系统及自动化技术研究［M］. 北京：文化发展出版社，2020.

[5] 魏曙光，程晓燕，郭理彬. 人工智能在电气工程自动化中的应用探索［M］. 重庆：重庆大学出版社，2020.

[6] 吴敏. 电气自动化系统安装与调试［M］. 南京：江苏凤凰教育出版社，2020.

[7] 韩肖清. 本科专业大类导论课程系列教材能源电气与自动化导论［M］. 北京：高等教育出版社，2020.

[8] 韩祥坤. 电气工程及自动化［M］. 东营：中国石油大学出版社，2020.

[9] 杨慧超，牟建，王强. 电气工程及自动化［M］. 长春：吉林科学技术出版社，2020.

[10] 燕宝峰，王来印，张斌. 电气工程自动化与电力技术应用［M］. 北京：中国原子能出版社，2020.

[11] 陈建明，白磊. 电气控制与 PLC 原理及应用［M］. 北京：机械工业出版社，2020.

[12] 赵红顺. 电气控制技术与应用项目式教程［M］. 北京：机械工业出版社，2020.

[13] 王刚，乔冠，杨艳婷. 建筑智能化技术与建筑电气工程［M］. 长春：吉林科学技术出版社，2020.

[14] 李继芳. 电气自动化技术实践与训练教程［M］. 厦门：厦门大学出版社，2019.

[15] 连晗. 电气自动化控制技术研究［M］. 长春：吉林科学技术出版社，2019.

[16] 董桂华. 城市综合管廊电气自动化系统技术及应用［M］. 北京：冶金工业出版社，2019.

[17] 乔琳. 人工智能在电气自动化行业中的应用［M］. 冶金：中国原子能出版社，2019.

[18] 杨代强，哈斯花. 高校电气自动化专业人才培养模式改革与实践研究［M］. 西安：西北工业大学出版社，2019.

[19] 许明清. 电气工程及其自动化实验教程 [M]. 北京：北京理工大学出版社，2019.
[20] 王丽华，霍淑珍. 电气自动化技术类课程规划教材高职高专电力电子技术 [M]. 大连：大连理工大学出版社，2019.
[21] 刘颖慧，周凌，罗朝旭. 电气工程、自动化专业规划教材电机学 [M]. 北京：电子工业出版社，2019.
[22] 郝庆华，唐磊. 电子技术基础电气工程及其自动化类 [M]. 大连：大连理工大学出版社，2019.
[23] 吴秀华，邹秋滢，刘潭. 新世纪普通高等教育电气工程与自动化类课程规划教材自动控制原理电气工程与自动化类 [M]. 大连：大连理工大学出版社，2019.
[24] 范立南，李荃高，武刚. 卓越工程能力培养与工程教育专业认证系列规划教材单片机原理及应用电气工程及其自动化、自动化专业 [M]. 北京：机械工业出版社，2019.
[25] 诸葛英，梁艳玲，刘瑞丰. 电气控制与 PLC 一体化工作页 [M]. 北京：北京邮电大学出版社，2019.
[26] 邹建华，李大明. 电机与电气控制技术 [M]. 武汉：华中科技大学出版社，2019.
[27] 王欣. 电气控制及 PLC 技术 [M]. 北京：机械工业出版社，2019.
[28] 沈姝君，孟伟. 机电设备电气自动化控制系统分析 [M]. 杭州：浙江大学出版社，2018.
[29] 熊丽萍. 电气自动化技术及其应用研究 [M]. 长春：吉林科学技术出版社，2018.
[30] 焦贺彬，张翠云，田小涛. PLC 在电气自动化中的应用研究 [M]. 北京：北京工业大学出版社，2018.
[31] 何强. 高职高专 C 语言设计教程电气自动化技术类 [M]. 2 版. 大连：大连理工大学出版社，2018.
[32] 袁兴惠. 电气工程及自动化技术 [M]. 北京：中国水利水电出版社，2018.
[33] 易辉，孔晓光，王凯东. 电气自动化基础理论与实践 [M]. 长春：吉林大学出版社，2018.
[34] 朱煜钰. 电气自动化控制方式的研究 [M]. 咸阳：西北农林科技大学出版社，2018.
[35] 张磊，张静. 电气自动化技术在电气工程中的创新应用研究 [M]. 长春：吉林大学出版社，2018.